复旦大学国土与文化资源研究中心文库

乡村遗产研究与实践系列②

杜晓帆　初松峰

林銮澎　王一飞　著

从价值认知到保护实践

永泰庄寨

知识产权出版社

全国百佳图书出版单位

——北京——

图书在版编目（CIP）数据

从价值认知到保护实践：永泰庄寨/杜晓帆等著.—北京：知识产权出版社，2019.12

（复旦大学国土与文化资源研究中心文库·乡村遗产研究与实践系列②）

ISBN 978-7-5130-6776-8

Ⅰ．①从… Ⅱ．①杜… Ⅲ．①乡村—古建筑—保护—研究—永泰县 Ⅳ．①TU-87

中国版本图书馆CIP数据核字（2020）第021483号

内容简介

本书以福建防御型民居——永泰庄寨为研究对象，经过长期的田野调查，通过深入访谈村民、传统工匠、行政机关领导及工作人员、商业经营者等不同身份的群体，研究庄寨的建筑特征及其蕴含的本土价值与家国意义，深化对遗产价值的认知；通过编制《永泰庄寨保护修缮导则》，探索庄寨保护、利用、管理的方法，研究实现从价值认知到保护实践的路径。

本书可供文化遗产研究者、乡村规划建设的管理者和实践者及大中专院校的老师和学生参考。

责任编辑：张雪梅 责任印制：刘译文

封面设计：博华创意·张冀

从价值认知到保护实践——永泰庄寨
CONG JIAZHI RENZHI DAO BAOHU SHIJIAN——YONGTAI ZHUANGZHAI

杜晓帆 初松峰 林鋆澎 王一飞 著

出版发行	**知识产权出版社**有限责任公司	网 址：	http://www.ipph.cn
电 话：	010-82004826		http://www.laichushu.com
社 址：	北京市海淀区气象路50号院	邮 编：	100081
责编电话：	010-82000860转8171	责编邮箱：	laichushu@cnipr.com
发行电话：	010-82000860转8101	发行传真：	010-82000893
印 刷：	三河市国英印务有限公司	经 销：	各大网上书店、新华书店及相关专业书店
开 本：	787mm×1092mm 1/16	印 张：	11.25
版 次：	2019年12月第1版	印 次：	2019年12月第1次印刷
字 数：	250千字	定 价：	96.00元

ISBN 978-7-5130-6776-8

乡村遗产的未来——愿景与困境（代序）

我开始真正关注乡村，始于 2004 年的初夏。

2005 年是云南元谋人牙齿化石发现 40 周年。就在一年前，元谋当时的李县长联系我去帮助谋划相关活动。谋划之余，去了元谋周边的乡村随处转转，了解村落的现状。在两天的时间里，我自由地看了十几个村庄。然而，我的心情从远眺村落景观时的享受和兴奋转变为进入村落、进入村民住家后的失落和无奈，我深切地感受到乡村文化遗产保护任重而道远，此后我便开始关注和思考乡村文化遗产保护的相关问题。

2005 年 5 月，纪念元谋人发现 40 周年的活动如期举行。活动中，我有机会与时任云南省委副书记的丹增先生就乡村文化遗产保护的问题进行了长时间的交流。我建议云南省率先在全省做一次普查，对现存比较好的村落进行分类分级，再选择一些不同类型的村落作为试点，进行详细的调查研究，并提出保护和可持续发展的路径。这一想法得到了丹增副书记的认可。之后，丹增副书记的秘书通过传真与我有过多次联系，我们开始筹划项目的框架。可惜项目组织机构成立之际，丹增副书记的工作发生了变化，由云南转往北京担任中国文联的副主席。我希望在云南开展的乡村工作就此中断。

当我正为寻找调查研究乡村的组织发愁时，转机来了。2006 年初冬，我和北京大学的孙华教授由云南转道贵州，一来是与多年不见的学弟和好友王红光会面，二来也想对贵州的文化遗产做些了解。红光时任贵州省文物考古研究所所长，孙华教授是著名的城市考古学家，我们的三人行自然就从考古遗址开始了。旅途中，我有意将话题引向乡村，希望他们的目光能够从几千年、几万年前的遗存转向当下的乡村。我征询孙华教授是否能够以城市考古的方法对乡村进行调查研究，并诠释乡村形成和发展的历史轨迹。记得我们三人在黎平的肇兴侗寨达成共识，决定尽快在贵州展开村落文化遗产的调查、研究和保护工作。2007 年新春伊始，在贵州省文物局、贵州省文物考古研究所的协调下，由联合国教科文组织亚太世界遗产培训与研究中心、文化部民族民间文艺发展研究中心、北京大学文化遗产研究中心、同济大学建筑与城市规划学院及贵州师范大学等机构组成的调研团队分别在贵州各地展开工作。

其间，经过多次研讨，我首次提出了"村落文化景观"的概念，将其作为认知乡村文化的一种新的方法，并得到了大家的认可。2008 年 10 月 25 日至 28 日，由联合国教科文组织、国家文物局、贵州省文化厅、北京大学、同济大学共同举办的"中国贵州村落文化景观保护与可持续发展国际学术研讨会"在贵阳召开，来自法国、英国、意大利、加拿大、澳大利亚、日本和中国大陆以及中国香港、中国台湾等国家和地区的专家学者 80 余人出席了会议，并通过了"关于村落文化景观保护与发展的建议"（简称"贵阳建议"）。

为什么用一个世界文化遗产中的新概念来研究乡村文化遗产呢？自从我关注乡村文化遗产以来就特别关注生活在乡村中的人，我发现当时学术界使用比较多的是"古村落""古建筑群（全国重点文物保护单位）""民族古寨"及"乡土建筑"等概念。可是，对于乡村研究而言，这些概念过多地强调了物质层面的内容，没有考虑到人和环境，更没有考虑到社区的发展，很难全面反映乡村遗产的丰富内涵。

2005 年，我受邀参加在日本东京文化财研究所召开的"文化景观国际学术研讨会"，并在大会发言，借此机会我对文化景观进行了一次比较集中的梳理和思考。文化景观重视人与自然、重视整体保护、重视延续和发展的方法论给了我很大的启发。我在思考乡村文化遗产保护的时候开始积极应用这些理念，并针对乡村提出了村落文化景观的概念。2006 年初冬，罗哲文先生介绍中国古村落保护与发展委员会秘书长张安蒙女士和中国国土经济学会柳忠勤秘书长来到联合国教科文组织驻华代表处，我们一同商议在全国评选古村落的事宜。讨论过程中，我提议不使用"古村落"的概念，而是改用"村落文化景观"的名义来评选。当时罗老已经八十有二，我原以为非常难以沟通的概念问题，没有想到很快就得到了罗老的理解和认可，罗老还特地为中国景观村落的评选手书了评选原则。今天，这项评选工作已经举办了七届。

文化景观作为世界文化遗产中增长最快的类型，近 10 年来虽然得到了社会各界尤其是学术界逐步的认可，但由于文化景观本身是来自文化地理学的概念，《实施保护世界文化与自然遗产公约操作指南》中将文化景观划分为三种类型，而第一种类型的范围非常宽泛，即使是学者、专家也难以鉴别其边界。因此，文化景观作为文化遗产的一种类型，很多时候难以明确其范围。但是，鉴于对村落文化遗产还没有一个妥切的概念，加上文化景观在保护的同时关注可持续发展的理念非常适合乡村，所以我觉得在研究乡村文化遗产时采用"村落文化景观"的概念还是合适的。乡村之所以叫乡村，是因为它是和土地、山川联系在一起的，没有土地、没有农业、没有生产的支撑就形不成村落，至少不是原来意义上的村落。同时，传统意义上的村落也不仅仅是指其建筑，更多的是指在这一地域中生活着的人群、存在的文化和习俗，所以它是有灵魂的，因此我更愿意用"村落文化景观"的概念表述。至于村落文化景观的定义及保护方法，"贵阳建议"中有比较准确的诠释，这里就不再赘述了。

2008 年的贵州会议之后，在相当长的一段时间里，我觉得贵州开展的村落文化景观保护与可持续发展的愿景实现在望。我们不仅与同济大学、北京大学、贵州师范大学、文化部民族民间文艺发展中心、中国本土营造工作室、中国西部文化生态工作室等国内大学和学术研究机构有合作，与联合国教科文组织亚太世界遗产培训与研究中心、全球遗产基金会等国际组织也在进行协作，还有贵州省文物局、各地各级政府的支持，更有雷山县控拜村、黎平县地扪村和堂安村、榕江县大利村、荔波县水利村、剑河县展留村等工作基地，再加上我们有了"贵阳建议"作理论指导，前景似乎一片光明。然而，乡村文化的保护与复兴、乡村的可持续发展不可能一蹴而就，它是一个综合的、长期的工程，我们的愿景显然没有那么容易实现。当然，所有的努力还是产生了积极的效果，我们也看到了希望，相信经过各方面坚持不懈的努力，在村落文化景观得到保护的同时同样可以找到每个村落不同的可持续发展的路径。

在 2012 年以前，关注乡村文化遗产的人应该说还不多，从事这方面工作的人还常常会觉得势单力薄。近年来，政府开始关注乡村，关注传统文化，正可谓"形势比人强"，传统村落保护、乡村复兴突然成了显学，举国上下各行各业似乎都在奔赴乡村。正值城市建设到了稳步发展阶段，大量的规划师、建筑师也进入乡村，甚至发出了"建筑师的春天在乡村"的呼声。可是，世界上有多少村寨是由规划师或建筑师设计而成的？乡村成为旅游目的地以来，在乡村建民宿成为一种时髦，而且被认为是乡村致富最快捷的方法，各界也在追随。许多人认为乡村旅游是乡村发展的唯一途径，甚至形成了一种思潮，并被很多的地方政府所接受。

2015 年我到复旦大学当了老师，教学之余，我把主要的精力放在了对乡村遗产的调查和研究上。期间，我们承担了全国重点文物保护单位贵州石阡楼上村的保护规划的编制，也为住建部制定《中国传统村落管理办法》进行了前期调研和该办法的起草。虽然现场调查和研究过程中"文化景观理论"依然是我们主要的方法，但是由于"村落文化景观"这个概念过于学术，不仅村民、县乡管理干部不容易理解，即使面对学者，很多时候也需要解释。与地扪人文生态博物馆任和昕馆长等学者交流和沟通后，我们又回归到被社会广泛使用的"乡村"的概念。考虑到乡村不仅承载了丰富多样的人文资源，其自然资源也是文化的重要载体，所以自 2018 年我们团队开始统一使用"乡村遗产"的概念，它涵盖了古村落、民族村寨、乡土建筑、历史文化名村、村落文化景观、传统村落等概念。

那么，我们保护乡村遗产，保护乡村文化，本质上到底是为了什么？难道仅仅是为了满足旅游者或外来者的需求吗？难道乡村文化的保护只有旅游一条路可以走吗？李克强总理曾说："保护文物实际上也是在推动文化事业的发展，来滋润道德的力量。"这其实讲到了文化遗产的本质问题。文化遗产的保护是由人类对物质和道德的需求共同决定的，而不仅仅是它作为旅游资源而具有的外在价值。为什么要保护乡村遗产，为谁保护，谁来保护，保护什么，这是我们现在面临的难题。

如果保护乡村遗产仅仅是为了其创造者和传承者，那么我们的出发点和保护路径就会与为了外来者完全不同，包括村落本身，我们绝对不能把它定格在某一个历史时期，然后力图恢复某一个时期的面貌。乡村是经过长时间的发展而形成的，而非由设计师设计出来的，就像人的面貌会随着时间而改变一样，乡村每天也都在改变。人类在自然环境中生存，人的生活、劳作、风俗人情、信仰等都会随着岁月而改变，好比年轮一样，是一个持续发展和变化的过程。乡村遗产是活态的文化遗产，所以我们要保护的是一个历史过程，而不是一个断面，不能把活的过程切掉变成死的断面。在保护乡村时不能让它停滞在某一个时期，而是要让其遗产价值在得到提升的同时也让社区得到发展，让当地人得到实惠，这才是最根本的目标。这一目标不可能是一蹴而就能达成的，而是需要更多的时间来落实。现在把民居改造成民宿或者酒吧让外来人体验是一种利用的方法，但是可供利用的民居毕竟是少数，获益者也是少数，其他大量的民居、大多数村民的利益怎么解决？

我始终以为，人是文化遗产保护中的灵魂。也就是说，在乡村遗产的构成中当地村民是最为重要的因素，他们是乡村文化发展的动力和源泉，只有涵盖村民而进行的文化遗产保护才是有价值、可实施的。乡村的可持续性发展需以综合协同的观点，以人为核心去探索可持续发展的本源和演化规律，以便建立有序的人与环境、人与人关系的和谐统一。对于乡村遗产的保护，我认为有两个方面要重视：一方面，要形成一个基本的保护理念和原则，在尊重人文环境的前提下确立保护的方向。例如，中国传统乡村建筑大多以土木结构为主，我们应该保护乡村的整体风格还是要保护建筑形制甚至是材料呢？我们必须认清哪些需要重点保护，哪些是可以放弃的。另一方面，根据中国乡村的特点和地域性，逐步建立一套适宜的保护方法，其中应包括长期目标、短期目标和应急机制。这些都需要经验的积累。中国地域辽阔，自然环境差异大，需从具体实践中总结出一套符合中国实际情况的保护方法。

随着时代的发展，乡村的变化是必然的、常态的，这个过程也正是乡村遗产活力和生命力的表现。乡村遗产与人类活动密切相关，对变化中的人与自然进行合理的规划、保护和管理是文化遗产工作者和政府管理部门的重要课题。特别是现阶段中国城市化正在迅速推进中，乡村遗产的保护与管理会遇到许多意想不到的新挑战。所以，如何提高我们解决问题的能力，找到恰当的解决办法，并建立一套行之有效的应对机制，是对我们这代人的严峻考验。

杜晓帆

2019 年 11 月 22 日

于复旦大学

永泰庄寨是福建永泰地区极具地域特色的防御性民居建筑。庄寨是永泰先民在长期的生产生活过程中形成的智慧结晶，承载并延续着庄寨人的文化传统、精神信仰、传统工艺等。因此，对于永泰庄寨的研究除了关注其建筑本身，还应当关注建筑本体所依存的外部环境及与之相关的人群，才能对其价值做出全面、恰当的认知和解读，进而能够在此基础上实现遗产的保护与传承，这也是本书的着眼点与试图解答的问题。2016—2019年，具有不同学科背景的师生围绕庄寨的保护修缮、社会功能性分级分类等问题进行了多次田野调查，编制完成了《永泰庄寨保护修缮导则》(以下简称《导则》)，发表了永泰庄寨研究的系列文章，本书即是在这些成果的基础之上做出的进一步思考与总结。

在此过程中，复旦大学国土与文化资源研究中心杜晓帆教授进行了全程指导，并对永泰庄寨进行了价值分析；初松峰主要对庄寨价值与保护的问题进行归纳阐述，并对永泰庄寨的营建方法、技艺进行了梳理和研究；林鋆澎、王一飞主要对永泰庄寨的历史脉络、文化背景进行了归纳，并就不同在地人群认识下的永泰庄寨进行了分析和总结；全轶先完成了全书的文字校核工作。

在此，我们对参与永泰庄寨相关调查和研究工作的人员以及在此过程中给予帮助的人们致以诚挚的谢意。其中，杜晓帆、侯实、初松峰、蔡宣皓、林鋆澎、邓云、曹俊华、曹晓楠、周孟圆、王一飞、全轶先、谢彩华、章熙临先后参与了田野调查、庄寨研究、《导则》编制等工作，福州大学李建军教授、复旦大学王金华教授及中国文物学会世界遗产研究委员会的各位专家对相关研究工作给予了指导。

同时，在永泰的系列调查与研究和《导则》的编制离不开中共永泰县委陈斌书记，雷连鸣县长及永泰县古村落古庄寨保护与开发领导小组办公室的张培奋、吕云茂、黄淑贞、张建设、鲍英铖、陈爱梅、朱珍珍、檀遵群等领导与工作人员的帮助。

在调研过程中，团队采访了20余名永泰的大木匠师、小木匠师、土石匠师及地理先生等。此外，还与百余名村民、庄寨理事会成员、各级行政管理部门及在地经营者、工作者展开了访谈，限于篇幅，不再一一署名。

挂一漏万，在此笔者代表所在的研究团队感谢所有在永泰调查和研究过程中提供协助的乡、镇、村的领导与工作人员、庄寨理事会及村民、关心《导则》编制的专家们，以及在调研过程中给予帮助的人们。

为了方便读者参考，本书将《导则》另册印制，随书附赠，以供阅读参考。

由于笔者水平有限，书中难免存在不足与疏漏之处，恳请方家批评指正！

|目录|

第一章

历史与当下：永泰庄寨的文化溯源与遗存现状

一、八闽文化与永泰庄寨

要正确认知文化遗产，不能脱离遗产所在的自然环境与历史文化背景二元架构。福建复杂的自然地理环境奠定了多元文化生存发展的物质基础。在历史长河中，外来文化与当地文化不断地碰撞与交融，形成了独具特色的文化遗产，在当代展现出丰富而灿烂的地域文化与物质留存。如果把永泰庄寨放到福建的历史背景中，不难发现，无论是其生产生活环境中物质性的改造与营建，还是物质表征下所蕴含的人文特色，都是福建历史演变中的必然。

（一）自然地理环境的基础性影响

福建地处我国东南一隅，远离中原腹地，东面临海，三面环山，地势上总体呈西北高、东南低之态。其山岭众多，山地、丘陵面积占全省地域面积的80%以上，素有"东南山国"之称。福建境内主要有两列山脉：一列为武夷山脉，是福建西北部的一道自然屏障，使福建成为相对封闭独立的一块区域；另一列为博平岭—戴云山脉—鹫峰山，从南至北斜贯福建中部。崇山峻岭使得福建的交通历来不便，与内陆联系比较困难。

福建省内江河纵横，素有"闽水泱泱"之称。在福建12万多平方公里的大地上分布着大小29个水系和660多条河流，总长度共计1万多公里。流程短、流量大是这些河流的显著特点。同时，福建河网密度高达每平方公里100米，密度之大为全国罕见。福建的江河水系单元又相对独立、自成系统，如闽江流经闽北、闽中，九龙江流经闽西、闽南，晋江流经闽南，汀江流经闽西，交溪流经闽东。各个水系的入海（河）口多形成局部的冲积平原地貌，如闽江口的福州平原、木兰溪口的莆仙平原、晋江口的泉州平原、九龙江口的漳州平原。❶

海岸线绵长曲折是福建自然地理环境的另一大特点。多海湾、多半岛、山丘余脉造就了福建绵长曲折的海岸线，却也使得福建沿海地区有丰富的海洋资源，也为福建地区与海外沟通及开展海外贸易提供了得天独厚的条件。

永泰的山形地貌正是福建的一个缩影。永泰县位于福建省中东部，为福

---

❶　何绵山．闽台文化探略 [M]．厦门：厦门大学出版社，2005．

州市下辖县，南连莆田、仙游，北接闽清，西与德化、尤溪相邻，东和闽侯、福清接壤。永泰是戴云山山脉东麓的延伸，县内崇岭耸立，山峦起伏，高过千米的山峰就有 77 座，百米以上的山丘遍布全境，"山上有山，岭上有岭，山岭连绵"，素称"山县"。县内道路崎岖，出入艰难。❶

发源于戴云山脉的大樟溪横贯永泰县，是闽江下游最大的干流，也是永泰县最为重要的溪流。其众多的支流亦交错纵横，构成格子状，沿着山势汇入大樟溪。大漳溪及其支流的河床孕育了储量巨大的砾卵石、石英石等石料，为当地人民提供了方便可取的建筑之材。

总的来说，永泰县的地形大致上以大漳溪为界，西南山势陡峻，东北较为平缓。永泰县高海拔、高落差的地质地貌，加上发达的"格子网"水系，崇山峻岭间形成大小串珠状的生产、生活、建筑等生存空间。❷复杂多变的地理环境深刻地影响了永泰县各地的物候、风土、人情等多个方面。

（二）历史文化沿革

山地丘陵遍布，河流溪涧纵横，自然环境的限制与人口的不断增加使得"八山一水一分田"俨然成为福建先民生产生活的形态格局。如果说自然地理环境为一方人提供了生活的"容器"，那么在这"容器"中的历史演变过程则为一方人烙上了文化的印记。

早在 7000 年前，福建的土著居民——闽越族就已经在这块土地上繁衍生息，从事农业和渔业等方面的生产。❸由于自然地理条件的限制，闽越族虽然与中原文明有着一定的联系，却未与中原建立起有效的行政关系。至秦始皇大一统，始皇二十五年（公元前 222 年）虽设立了闽中郡，却也只是名义上的行政统治，闽地依然由闽越土著统治管理。汉高祖五年（公元前 202 年），在楚汉战争中率领闽越族相助于汉王的闽越族贵胄无诸被立为闽越王，建都于东冶（约今福州一带）。随着闽越国的发展壮大，其逐渐成为严重威胁西汉统治的地方政权。公元前 110 年，即汉武帝元封元

---

❶ 中国人民政治协商会议永泰县委员会文史资料编辑室.永泰文史资料（第 1 辑）[M].内部资料，1984.

❷ 郑炳通，永泰县地方志编纂委员会.永泰县志 [M].北京：新华出版社，1992：73.

❸ 陈支平.近 500 年来福建的家族社会与文化 [M].上海：上海三联书店，1991：1.

年，西汉消灭了闽越国，在闽越国故地设立冶县（约今福州一带），属会稽郡东部都尉管辖。为了彻底征服闽越人，汉武帝采取了"迁其民、墟其地"的政策，将闽越的贵族、官僚、军队迁徙至江淮，立国 92 年的闽越国自此灭亡。然而，古老的闽越文化的存在构成了后世闽文化的一个重要源头，土著人的文化性格必然深深地影响闽文化的发展道路。❶ 随着汉朝对闽地实质性管制的巩固，北方南下的汉族人民与日俱增，汉族和闽越族开始杂居混合，闽越土著文化在汉代以后遂与汉文化进入了更加全面和深入的交融时期。

至魏晋南北朝时期，尤其自西晋开始，由于中原战乱频繁，大量的北方汉族人民不断向东南沿海迁徙，寻找避乱之地。西晋永嘉年间，八王之乱，中原板荡，大批中原士民进入闽地。中原文化促进了闽中的开发和闽越遗民的汉化过程。至南朝陈代，闽中汉越人民已融为一体❷，佛教、儒学也已经开始萌芽，但闽越土著文化浓郁的地方色彩仍具有更大的影响力。

隋唐五代时期是北方汉民继续多次大规模入闽的主要时期。❸ 特别是唐代前期，陈政、陈元光率部入闽，平定闽南闽越土著后裔之乱，带来了又一次的移民高潮。入闽汉民的大幅增长使汉文化成为闽文化的主导。由于福建土地资源的限制，人地之间的矛盾促使人们的生产生活不能够也不再局限于自然环境比较优越的地区，只得向纵深地区发展。闽西、闽中山区等相对偏僻荒凉的地方在唐代得到了进一步的开发，福建进入了全境全面发展的时期。开元二十一年（公元 733 年），唐代设立福建经略使，"福建"之名遂首次见于历史，并相沿至今。至代宗大历六年（公元 771 年），唐代已设福、建、泉、漳、汀五州，正式设立福建观察使，形成了颇具规模的行省雏形。❹

在这样的背景下，较福州平原相对偏远的永泰境域内汉民亦不断流入，人口逐渐繁衍增多。公元 765 年，大唐改元永泰。唐永泰二年（公元 766 年），析侯官县西乡、尤溪县东乡以年号永泰为县名，置永泰县。行政县的设立是以当地的户口数量为主要依据的。❺ 由此可见，永泰在这一时期得到了长足的

---

❶ 徐晓望.论福建思想文化的发展道路 [G]// 福建省炎黄文化研究会 .中华文化与地域文化研究——福建省炎黄文化研究会 20 年论文选集（第二卷）[M]. 厦门：鹭江出版社，2011：7.

❷ 同❶.

❸ 胡沧泽.闽文化 第四讲：隋唐五代时期的闽文化 [J]. 政协天地，2011（5）：62-64.

❹ 何绵山.闽台文化探略 [M]. 厦门：厦门大学出版社，2005.

❺ 陈支平.福建六大民系 [M]. 福州：福建人民出版社，2000：77.

发展。

到了唐末五代时期，军阀纷争、割据一方，中原再一次深陷于战乱之中。王潮、王审知兄弟率部入闽，发展建立了中原移民在福建的第一个地方性割据政权——闽国。福建偏于一隅的地理区位及王氏政权保境安民、礼贤下士、重视文教等治闽策略令福建在动乱的年代中得以安定发展，不仅大大促进了闽地的社会生产和经济开发，也使得福建文教日渐昌盛，并逐步赶上了中原发达地区的水平，其经济文化出现了历史上少见的繁荣。

在这一时期，随王潮、王审知部入闽的族姓众多，其中有张氏，"张赓，字重华，尚书右仆射梁国公睦季子也，事闽王王审知，官御史中丞"❶，进入永泰居于月洲（今永泰县嵩口镇月洲村），开枝散叶为永泰望族，使月洲张氏成为福建、广东、台湾乃至东南亚一带张氏华人的重要发源地之一。另有黄氏，其一支系迁至永泰，亦成为永泰县一巨族。

在唐末五代的基础之上，随着唐宋时期中国政治、经济重心的南移，赵宋王朝再次建立起较为统一的政权，福建社会经济文化的发展在宋代到达了黄金阶段。这一时期，福建社会相对安定，北方汉人持续迁入，土地资源的潜能被不断挖掘。福建先民"向山要地"，耕地面积进一步扩大，水利工程大量兴建。同时，双季稻、占城稻等农作物流入、传播至福建全域，甘蔗、果树、茶业等经济作物广泛种植，不但促进了山区农业经济的兴盛，也进一步促发了工商业和海上贸易的繁荣。此时福建在农业、手工业、商业等方面已经成为中国最发达的区域之一。另一方面，宋代以文治国的政策、科举制度的改进和创新以及地方官吏重教兴学的方针使得福建在良好的经济环境下文化也呈现一片蓬勃的景象。其中不可不提及的是朱熹引领的福建理学文化，其所提倡的格物致知精神和对伦理道德的遵从极大地推动了闽文化的进步。福建理学在全国占有重要地位，也是福建文化对中国乃至世界文化的重大贡献。同时，福建在科举、书院、出版等各个领域都有杰出的成就；在文化领域，宋代福建涌现了许多著名的诗人、作家、历史学家、科学家，形成了波澜壮阔的文化浪潮。❷

---

❶ 王绍沂. 永泰县志（卷十二）：流寓传 [M]. 北京：新华出版社，1987.

❷ 徐晓望. 福建通史（第3卷）：宋元 [M]. 福州：福建人民出版社，2006：14.

永泰在两宋时期的经济文化发展进入更高的阶段。《永泰县志》❶记载："宋之人户，有客有主，合之得二万一千三百有奇，可谓极盛。"由此可见，其人口殷实，已属望县。随着福建教育事业和科举文化的发展，宋代福建考中进士的数量在全国名列前茅，其中永泰县登进士者就有258人❷。"试评三山（福州），莫盛一永（永福❸），十家而九书室，七年而三抢魁……入境听诵声之盈耳，觉喜色之上眉。"❹这段文字评述的即永泰人读书教育的景象，其中提及的"三抢魁"就是宋乾道二年（公元1166年）至八年（公元1172年），永泰七年内连捷三个状元的佳话。此外，永泰月洲人张肩孟登进士后，其五子相继登科同朝的故事至今传为美谈。宋朝名臣黄龟年、著名爱国词人张元幹亦出自永泰。此时永泰之盛景可谓人口殷实、经济繁荣、文化发达。

至元朝，福建的发展出现波折。在元朝统治时期，福建各地民众进行了激烈的反抗斗争，尤其是山区，长期处于战乱之中。这对福建山区农业经济的发展是相当不利的。元朝统治下较为稳定的是沿海的个别城市，其各种农副产品及手工业商品生产、对外贸易产业都达到了相当高的水平。总的来说，元代福建的发展是不平衡的，山区农业生产的凋敝与沿海城市的畸形繁荣构成极不对称的现象，发展的是商业与沿海的商品生产，停滞的是福建山区以农业为主的各种产业。❺

《永泰县志》❻记载，"元朝，人民户分为十等，分南人与北人，南人一万一千七百八十户，北人二千零一户"，人口比宋时减少30%多。❼仅从这一数据亦可探知这一历史时期的波折对于永泰地区社会的影响。

至明清时期，一方面，随着社会生产力的发展，福建凭其历代的积累传承与东临大海的地利之便，商品经济发达，海上贸易繁茂，仍是我国较为发达

---

❶ 王绍沂.永泰县志（卷四）：户口志 [M].北京：新华出版社，1987.

❷ 中国人民政治协商会议福建省永泰县委员会文史组.永泰文史资料（第3辑）[M].内部资料，1986：88.

❸ 宋崇宁元年（公元1102年），因避讳哲宗陵讳，改永泰为永福。至民国三年（1914年），又正名为永泰，并沿用至今。

❹ 方大琮.铁庵集（卷十）：永福学职（四库全书本）[M]//徐晓望.福建通史（第3卷）：宋元 [M].福州：福建人民出版社，2006：27.

❺ 徐晓望.福建通史（第3卷）：宋元 [M].福州：福建人民出版社，2006：22.

❻ 同❶.

❼ 同❷，89.

的区域；另一方面，福建的文化领域在继承宋元的基础上，科举、书院依旧兴盛，理学亦得到了进一步的发展。

然而，明清时期福建在商品经济发展的过程中出现了许多社会问题。明初时，福建已经成为全国人口密度最高的地区之一，人多地少，生存困难，土地关系矛盾十分突出；更重要的是，明中期之后城乡商品经济的发展使得以小农经济为主体的社会结构产生了瓦解。社会环境的激荡及官府的限制约束、黯弱无能导致福建山海经济的发展缺乏正常的秩序。无论是沿海还是山区的商品经济发展，都缺乏良好的政治秩序和社会环境。[1] 为了维护自身的经济利益，许多人走上了亦商亦盗、亦工亦盗的道路，更游离出一些专以抢掠为生的"经济土匪"。[2] 地处山区的永福（永泰）县亦深受匪患侵扰。对此，下文将有比较详尽的介绍，在此不再赘述。在这样的社会环境中，福建各类具有防御特性的民居、建筑勃然兴起，成为地方各大乡族、家族保护身家性命、财产安全和巩固土地、山场等生产资料的重要工具。

（三）福建家族文化的追溯与传承

如上文所述，可以看到中原移民对于福建历史进程的深刻影响。根据陈支平先生的论述，自汉晋到明清的历史中，北方汉人入闽的进程中有三次高潮[3]：

西晋永嘉年间，"八王之乱"，北方少数民族混战中原，中原人民纷纷南下寻找避乱之地，北方汉人大批入闽，形成了中原士民入闽的第一次高潮。

唐初高宗时期，福建九龙江流域的汉民与土著居民矛盾激发，为维护统治，陈政、陈光元父子奉命率兵入闽，平定"蛮獠"叛乱，并落籍定居下来，发展生产，促进了闽西南地区的开发。这是中原士民迁居入闽的第二次高潮。

第三次高潮是五代时期。唐朝灭亡后中原战乱，各军阀割据一方，致使五代离乱，王朝、王审知兄弟率部入闽，发展建立起第一个中原移民在福建的地方政权，掀起了中原士民又一次迁居入闽的高潮。

---

[1] 陈支平. 近 500 年来福建的家族社会与文化 [M]. 上海：上海三联书店，1991：25.
[2] 同 [1]，30.
[3] 陈支平. 福建六大民系 [M]. 福州：福建人民出版社，2000.

除以上三次高潮外，从秦汉至明清，中原士民入闽时时有之，特别是元末和宋末战乱之时。

因此，闽文化的形成与中原士民所带来的文化具有十分重要的联系，在福建文化中保留着许多中原文化的传统。历史条件使得福建这一地区的文化内涵及其观念在继承中原汉文化精髓的基础上又有所变异（相对于中国传统文化的主流或核心而言）。❶前文多次提及福建特殊的自然地理环境，在这其中，偏于东南一隅、山峦屏障众多的特点固然使得传入的中原文化在福建相对封闭的环境中得以更好地传续，更重要的是，自汉以来中原移民聚族而居的传统在历史长河的演化中使福建成为中国传统家族制度最为兴盛和完善的地区之一。围绕着传统家族制度形成的物质文化形态及其中丰富的内涵成为中原文化传承的重要载体和纽带。

西晋到隋朝是中原士族以簪缨世胄自居、崇尚门阀的年代。西晋移民入闽的高潮中，中原士民带来了相对先进的文化和技术，这种自身的优越感引发了移民对于当地土著居民的歧视和压迫。因此，血缘和家族的关系就在其中发挥了重要的作用。另外，在闽地开发之初缺乏应有的政府治理和社会秩序，此时的福建依然是一片偏僻之地。为了争取生活、生产的材料，不仅移民而来的中原士民与当地土著，中原移民之间亦进行着激烈的资源争夺。此时，只有依靠家族的实力"抱团"发展，才能在残酷的竞争中得有立足之地。

五代时期是福建开发历史中十分重要的一页。随王氏入闽建立地方割据政权的光州固始县同乡理所当然地成为在闽的管理者。为体现这种"统治者"的优越姿态，门庭和宗族夸耀尤其必要，很大程度上促进了人们对于宗族的依赖和标榜。如今在福建的许多家谱中可以发现，其多称本家族是跟随王审知入闽的河南固始人，所谓"今闽人称祖者，皆光州固始"。在这其中有相当的部分为虚构、附会，却充分体现了当时福建崇尚、重视家族血缘关系的社会现象。从隋唐以至五代是中原地区门阀士族制度逐渐衰弱消亡的年代，而在福建则完全相反，门阀宗族的标榜对于取得政治和社会、经济利益具有十分重要的现实意义。❷在这样的历史背景和社会环境下，福建先民形成了相当牢固的聚

---

❶ 郑学檬，袁冰凌.福建文化内涵的形成及其观念的变迁 [J].福建论坛（文史哲版），1990（5）：70-75.

❷ 陈支平.近 500 年来福建的家族社会与文化 [M].上海：上海三联书店，1991：7.

族而居的社会习惯和浓厚的家族血缘观念。

到了宋代，由于农民阶级斗争的打击和商品经济的冲击，在唐以前的士族制度崩解之后，地主阶级本身的分化也十分剧烈，不仅封建国家的长治久安茫无着落，就连地主官僚让自己的子孙长享富贵的希望也常常落空。❶因此，统治阶级和理学家们越来越注意宣传孝悌、亲亲、敦宗睦族等伦理观念，利用封建的"家法"约束人民的行为，从而达到维护封建统治秩序的目的。❷而宋代福建之理学在全国占有十分重要的地位，其秉持的思想观念对于福建的影响不言而喻。宋代理学家们的大力提倡和以朱熹等为代表的理学大家们对于家族制度付诸的实践对福建家族制度的发展起到了重要的推动作用。

明中期之后，福建传统家族制度在其特殊的社会环境中日趋兴盛，得到了进一步的发展和完善。如前所述，明清时期福建城乡商品经济的发展使得以小农经济为主体的社会结构瓦解，社会环境的激荡、官府的限制约束和黯弱无能导致福建山海经济的发展缺乏正常的社会秩序，迫使人们走上亦商亦盗、亦工亦盗的道路。因此，加强家族团结和巩固家族势力成为各大家族在外部社会环境下捍卫自身利益的现实之举。福建商品经济的发达也"反哺"了家族组织的发展。明代中期以后中国的社会变迁在一定程度上改变了福建的经济结构，不少家族、家庭富裕起来，这些富裕的族人不忘其本，为家族的发展贡献了力量。❸

（四）永泰历史上的匪患

明清到民国时期，福建的广大山区由于社会、经济的动荡变革深受匪患侵扰。为保护身家性命、财产安全和巩固土地、山场等生产资料，福建地区具有防御特性的建筑、民居勃然兴起。同样处于山区的永泰，由于其西界为山地，主要受到来自德化与尤溪方向的匪患袭扰，各大家族、乡族遂各举财力，建设起防御与居住并重的庄寨建筑。

土匪的称谓有很多，在福建一般称为"土匪"或"土寇"。匪患产生的具

❶ 徐扬杰.宋明以来的封建家族制度述论 [J].中国社会科学，1980（4）：99-122.
❷ 陈支平.福建历史文化简明读本 [M].厦门：厦门大学出版社，2013：21.
❸ 陈支平.近500年来福建的家族社会与文化 [M].上海：上海三联书店，1991：7.

体原因很多。清末到民国时期土匪活动猖獗，不仅由于福建地区的政治、经济、自然环境恶劣，而且与福建特殊的社会环境（民兵军阀混战、宗族武装斗争、民间械斗等）有着密切的关系。尤其在政局动荡的时期，政治的黑暗、经济的衰败、地理环境的恶劣加上自然灾害频发，导致匪患不断。从更广泛的社会背景来看，则是由于统治阶级的剥削压迫与外国侵略势力的渗透、小农经济的瓦解等原因。

这些土匪一方面是不正常的社会政治、经济秩序和恶劣的自然条件的受害者，另一方面又是生产生活秩序的加害者与破坏者，进一步加剧了社会危机。按活动的地域来分，因福建多山，以山匪居多，也有少部分的水匪和海盗。土匪的构成复杂，有失地的农民、破产的小生产者、反叛民军等。

据《永泰县志》记载，自明代开始，永泰周围就有匪患的掠扰。如其中明代和清代与匪患相关的记录各有 7 条，民国时期匪患情况非但没有减少，反而有 20 次之多，其中尤以民国七年为苦。综观全国，民国时期的土匪以其人数之众多、影响之广大、分布之普遍、组织程度和武装水准之高成为清末民初以来一个十分严重的社会问题。县志中所记录的匪患情况摘录如下 ❶。

1. 明代

明代洪武四年，山寇温九，抄掠乡里，有司捕之，逃去。寻复来寇，义士杨惟义率众围获之。

正统八年，沙、尤邓茂七作乱福州，山贼因之攻劫诸县。永民死者不可胜计。

正统十三年尤溪人侨永者，以众应邓寇。先是，尤溪贫民佣于永，永人奴隶遇之。至是，率众侵轶我邑，所过屠灭，井里为墟。

嘉靖三十八年五月五日，倭寇突至，屯于洑口……（五月十二日，倭千余攻陷永垣）……倭既陷永城，其党分掠各乡，毁白云三峰寺。寺僧百余众，杀戮殆尽，掠其资以去。

嘉靖四十年，漳人王凤以种箐失利，聚众据二十八都为乱，不旬日至数千人……百姓皆逃匿，独利洋人鄢俊出家财……

---

❶ 王绍沂 . 永泰县志（卷二）[M]. 北京：新华出版社，1987：39-48.

万历十七年正月，汀人邱满聚众据陈山为乱。知县陈思谟请于巡抚赵参鲁，遣把总王子龙灭之。

万历十八年，烽阳、小姑、西林、赤皮、赤水诸处菁客会盟为乱。而烽阳贼曹子贵、包二等先发，建旗杀掠，屯于大埔之碛。

2. 清代

顺治三年八月，邑寇陈乃孚为乱……斩关而入，焚县劫库，素有睚眦，咸遭屠戮。

顺治三年十二月，邑寇赵子章攻掠白云，居人远避。贼盘踞四月，饱其所欲，乃尽焚庐舍而去。

顺治五年，大饥。山寇陈思皇、陈德培四出劫掠，攻陷城池。

康熙十三年三月，山贼陈德元、老虎三、冯骙二乘耿精忠反，攻城焚劫。见城上有兵戈铁马，火光灿烂，盖神兵也，不敢攻而退。

乾隆九年十二月二十三日，余德海倡乱，劫夺十九都白云，杀增生黄正拔。

咸丰三年，德匪林俊倡乱，四月陷德化。知永福县刘用锡偕宪委王师俭、张德静带勇二百名赴嵩防堵。

咸丰七年，德匪窜扰各处。知县刘用锡协同委员陈春熙遍赴各区，谕办乡团，并于张地筑炮台御之。

民国三年二月至六月，德匪连劫三十六都，上南山乡、下南山乡及湖头、岭兜、石塘等乡。

三年四月初八，三十六都长潭村杉木厂获尤匪池阿安兄弟两人暨萧阿富……

三年六月初二，尤匪蒋子游、陈子江、林德焕等劫掠三十二都莲坑乡侯垣书等，计居屋被毁六所。办团生员侯占箕遇害，掳生员侯海观暨侯方招等五人。

3. 民国

三年六月二十三日，三十二都大埔乡协同长庆、上洋、岭兜、东洋等乡，以乡团攻后寮匪巢。

三年七月，获尤匪林崇取、洪阿言、张德泮、张阿萧，均枪毙。

三年十一月二十八日，匪掠赤岭乡，杀居民林登源。

四年春，尤匪焚掠赤岭乡、上漈乡。

四年三月十七日，尤邑匪首蒋子游、张来源被获，送省正法。

四年六月十三日夜，匪掠三十二都溪兜，枪伤三人，毙一人。

四年秋，德匪苏望举、尤匪林德焕、郑麒麟等连劫盖洋乡，杀居民郑宴章等四人。毁郑屋四所。

六年二月十八日，德匪陈阿居、方金水、李丁贵劫掠三十六都彭坑乡，毙许其福一人。

六年闰二月十六夜，德匪陈阿居掳盖洋保董许宴琼等，岭头坪乡团闻警……琼获逃归。

七年，清乡保安队第二营营长孙国镇，未就抚以前聚啸数十人。夏初，据白云乡之狮子岩……旋掳大洋乡居民两人。五月初入菖蒲坑乡……复进攻大洋乡……计毁民居七所……

七年，股匪苏万帮、赖成源、苏国忠等六百余人由长庆攻大洋……

七年七月十三日，太原林峰自称奉有粤军委令，聚众东北，其党王克勋、何步青、王钦等应之，拥众数百，击溺盐商三人……

七年八月十六日，有粤军旅长杜姓，营长朱姓，入嵩口镇据之。时洑口、后亭、盖洋、下漈、白口等乡，计被毁民居九所。

七年八月二十九日，股匪涂飞龙、陈和顺、黄兴贤、赖成元等毁西区文藻乡居屋五十余座。

七年十一月初六日，股匪黄进兴、陈和顺毁西区民居六座。复同涂飞龙、梁继星等毁长垅民居七座，掳女孩一人。官路乡两所巨屋亦同时被焚。

七年十一月十八夜，匪枪毙二十九都居民四人。

七年十二月，丹洋乡匪首张鸿庆（即六八）聚众分掠巫洋、燕宿坪等乡。

根据县志记载，永泰地区自明代就受到匪患滋扰，明代的匪寇多以山寇为主，据山为乱，匪患以外地居多。随着匪患加剧，客居在永泰的尤溪贫民亦加入匪寇成为帮匪。嘉靖年间，匪寇攻陷县城，烧杀抢掠蔓延各乡。尽管地方当局与义士多次围剿，但匪势仍然存在。清代本地匪寇的袭扰活动更加频繁。德化、尤溪的土匪不仅抢掠本地，更是四处袭扰。永泰知县刘用锡与上司委派的官员王师俭、张德静带领200人在嵩口防堵，并下令训练乡兵团练，修筑炮台防御。民国时期政局动荡，匪患空前严重，尽管官府多次围剿，但收效甚微，往往是一波未平一波又起。不仅有小股土匪，而且匪寇开始聚众作乱，形成股匪，匪氛更炽，活动范围扩大，破坏力显著增强。由于民国时期军阀混战，兵匪也在这一时期出现，割据乡镇形成势力。永泰匪患的一个显著特征是客匪活动十分猖獗，客匪是指从外地流入作案的土匪❶。客匪中尤其以尤溪、德化的土匪居多。永泰地处福州西部，与民国时期匪患严重的尤溪、德化相界，因而受两地土匪扰害尤深。土匪的主要破坏活动如下。

（1）烧杀抢掠，敲诈勒索

明嘉靖三十八年，倭既陷永城，其党分掠各乡，不仅焚烧民居衙署，还毁坏白云的三峰寺，寺中的百多名和尚也被杀戮殆尽，掠其资以去。"民国七年，清乡保安队第二营营长孙国镇……旋掳大洋乡居民两人。"永泰盖洋乡珠峰村谢老书记回忆说："我曾经在寨子（珠峰寨）里住过，住在中间靠左的房间，主厅旁边的位置。新中国成立前大家会在寨子里躲避土匪，平时住在寨子外。土匪来的时候，整个村子的谢姓族人都会住到寨子里，不然女人、孩子被土匪抓走了，要花钱去赎。"

（2）干扰县治，攻城陷池

明嘉靖三十八年五月五日，匪寇千人攻陷永泰县城。五月五日，倭寇突至，屯于渔口……五月十二日，倭千余攻陷永垣。清顺治三年八月，邑寇陈乃孚为乱……斩关而入，焚县劫库，素有睚眦，咸遭屠戮。

（3）聚众作乱，割据乡里

（民国）七年八月十六日，有粤军旅长杜姓，营长朱姓，入嵩口镇据之。

以上是永泰地方县志所展现的历史社会环境，由此可以窥见明清及民国时期永泰地区匪患成灾的社会情况，理解庄寨修筑的环境背景。结合永泰庄寨的建设时间与数量，可以发现营建庄寨的时间集中在清代至民国，尤其是清末，庄寨的建设达到了高峰。结合县志的记载可知，此时也是土匪活动最为猖獗的时期。

---

❶ 李晓平.民国时期福建的土匪问题研究[D].福州：福建师范大学，2002.

二、永泰庄寨的兴起与特征 ❶

永泰庄寨是指位于永泰县的地域性防御式民居。在永泰，民居大多以"庄""寨""堂""居""堡""厝""庐"等命名。通过对当地老人的访谈得知，"庄"是正式的名称，"寨"是指防御性很强的民居，而"厝"在福建方言中既表示"大房子"，也有"家"的含义，但是这种命名的规则尚无学术上的定论。有学者统计，根据庄寨门额、题记及各姓家谱记载，永泰现存 152 座庄寨，其中"庄"占48%，"寨"占28%，"庄寨"占76% ❷。依照永泰古村落古庄寨保护与开发领导小组办公室张培奋先生主编的《永泰庄寨》一书中记载的庄寨建造年代的统计 ❸，现存庄寨中基本可以确定建造年代的庄寨有 108 座，其分布时间见表 1.1。

表 1.1　现存庄寨建造年代

建造时期	年份（年）	庄寨数量（座）	建造时期	年份（年）	庄寨数量（座）
崇祯	1628—1644	1	咸丰	1851—1861	12
顺治	1644—1660	1	同治	1862—1874	5
康熙	1661—1722	7	光绪	1875—1908	17
雍正	1723—1735	1	宣统	1909—1911	1
乾隆	1736—1795	9	民国	1912—1948	18
嘉庆	1796—1820	18	中华人民共和国成立后	1949 年至今	2
道光	1821—1850	16			
总计			108 座		

2015 年 9 月 27 日，永泰县古村落古庄寨保护与开发领导小组办公室（以下简称"村保办"）成立。此后，为了打造品牌，永泰县命名为"庄""寨""堂""庐""厝""堡"等的防御性民居被统一冠以"永泰庄寨"的名称。本书所讨论的永泰庄寨是指列入永泰县认定的庄寨名录中，具有永泰地域性特色的防御式民居。

---

❶ 初松峰，蔡宣皓，侯实 . 永泰庄寨的营建特色与防御智慧 [J]. 华中建筑，2018，36（12）：22-25.

❷ 张兵华，陈小辉，李建军，等 . 传统防御性建筑的地域性特征解析——以福建永泰庄寨为例 [J]. 中国文化遗产，2019（4）：91-98.

❸ 张培奋 . 永泰庄寨 [M]. 福州：海峡世纪（福建）影视文化有限公司，2016.

（一）永泰庄寨的地域性建筑特征

依照戴志坚教授在《福建民居》一书中对福建传统民居以方言分布、地域文化、自然地理条件的不同而进行的谱系分类，永泰民居属于闽东民居范畴。以"厝""庄""寨"为代表的永泰传统民居是闽东风土民居的典型代表。从类型的角度来看，庄寨是在普通民居的基础上加强防御功能之后的产物，本质上是永泰大厝衍变发展的结果，具有典型的地域风土建筑特征，体现出地域风土建筑的发展演变过程。因此，永泰庄寨与民居大厝在平面布局、梁架结构、装饰工艺等诸多方面具有共性，其传统匠作体系可以概括为同一个基本的类型范式。

1. 平面布局

永泰庄寨在规模与格局上展现出高超的空间组织能力，体现出传统民居的院落之美。在平面布局上，通过1~3块封经石定位经纬，确定民居的建筑轴线，建立厅堂空间序列，反映出传统宗族礼法观念。大型庄寨的厅堂轴线一般包括前门厅、下落厅、正厅、后厅、上落厅（当地也称为"后落厅"）。这五个厅作为由封经石定位经纬的延续，通常承担着重要的家族功能，是祭祖、酬神、婚丧嫁娶及节庆等公共活动的场所，是宗族礼法观念的空间映射，也是传统建筑空间秩序的重要来源。在大量的案例中，部分民居会受到土地规模、地形等因素的影响，未建上落厅或下落厅，但是依然会延续以正厅为核心的空间轴线。永泰庄寨厅堂轴线如图 1.1 所示，正厅如图 1.2 所示，正厅地面的封经石如图 1.3 所示。

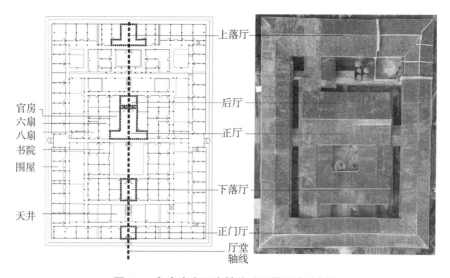

图 1.1 永泰庄寨厅堂轴线（以昇平庄为例）

图 1.2　嘉禄庄的正厅　　　　　图 1.3　正厅地面的封经石

此外，庄寨通常采用单体建筑紧密排列围合空间的形式，形成强围合的院落空间，在外观上则表现为相互叠合、层层错落的屋顶形象，增强了建筑意象的识别性和领域感，强化了宗族内部的凝聚力。庄寨的布局一般采用对称的手法，以正厅为中心，沿轴线向两侧展开，建设官房、二房（又称"六扇"）、三房（又称"八扇"）、过雨廊、厅堂两侧的厢房（当地称为"书院"）、围屋，营建出可供大量族人居住的房间。

2. 梁架结构

永泰传统民居正厅主体结构多采用穿斗式梁架，其工艺最精湛的部位是中心的正厅明间（图 1.4）。有些民居还会使用大额枋担起两榀插梁架装饰明间屋架，以进一步提升建筑等级，营造出华丽堂皇的空间感受，当地称这一做法为"四梁扛井"（图 1.5）。"四梁扛井"式屋架使用了减柱造、大额枋等结构技术和材料工艺，施工难度更高，梁枋上的雕花也更加丰富、精美，因此多应用于建造财力雄厚或等级较高的民居之中（图 1.6、图 1.7）。另外，在永泰的庄寨和其他民居中，正厅的廊轩、以五曲枋为主的看架等使用的装饰手法也具有共同的特征。

图 1.4　穿斗梁架　　　　　　图 1.5　"四梁扛井"结构

图 1.6　九斗庄的木雕装饰

图 1.7　积善堂的垂花柱

几乎每座永泰传统民居都设有添丁梁，一般安放在正厅。若正厅为"四梁扛井"式，则其添丁梁较短，位置更高，有的还会考虑放置于下落厅。添丁梁也称灯梁，一般用于挂置灯具，由于永泰方言中"灯"与"丁"谐音，故称之为"丁梁"。在永泰的民居中，正厅一般设有"丁梁"，有的在下厅、门厅、边厅、花厅、后落厅也会设"丁梁"。永泰民居的添丁梁多为红色，以周边山上生长的猪血藤作为植物颜料，涂刷添丁梁表面，而后再刷一遍桐油，并以打制而成的铜片装饰。添丁梁两端所搭的梁常常以雕花装饰，一些庄寨会用黄芪水调制成金黄色的颜料加以装饰。❶也有少数添丁梁为其他颜色，并绘有彩绘。例如，中埔寨添丁梁以白色为底，用彩色绘制花卉、凤凰及其他图案。添丁梁上常书"添丁发甲"，表达人们对多子多福的期待（图 1.8）。

图 1.8　中埔寨的添丁梁

---

❶　来自爱荆庄族人、传统大木工匠鲍道龙的访谈。

（二）永泰庄寨的防御性特征

为了提升永泰庄寨的防御性，建造者会通过选址于台地或改造地形、建造高大的垒石夯土墙、增设跑马道与角楼等一系列方式形成完善的防御体系。同时，通过合理布置给排水系统增强庄寨的生存能力。

1. 选址

庄寨与大厝最大的区别在于建筑防御性的强弱。从选址的角度来看，大厝多位于地势平坦的山间盆地，而庄寨在选址上就体现出易守难攻的特征，必要时还会进行一系列的土地整治与改造，利用地利优势有效分散土匪的攻势，御敌于寨门之外。

（1）选址台地，易守难攻

一些庄寨在选址初期就定位于高处的台地，特别是三面临陡坡、易守难攻之地。土匪来袭时关闭寨门，由于门口及周围平坦的空间有限，土匪难以展开兵力，从而可以大大提升防御的效率。例如，谷贻堂建于台地之上（图1.9），背靠山坡，面临陡坡，下方有溪流，侧面与背面无防御式围墙，正厅前方有围墙围合厢房，早期仅能通过一条石砌小路登上山坡从正门进庄。其防御主要依靠得天独厚的地理位置，敌人需经过高差达数十米的陡坡才能靠近该庄。成厚庄、宁远庄等庄寨的选址也是如此。

（2）改造地形、突出优势

除了选址于较为宽阔、平坦的台地外，还可以通过削山为台地，后挖前垒，正面靠垒石墙形成高大的应敌面，后面依靠山势逐层抬高，将围墙逐级提升，形成高低错落的建筑空间。绍安庄、中埔寨、爱荆庄就是这一类的代表。这样可以减少或避免土匪利用高差观察庄寨内部情况，同时能够顺应地势，节约修建围墙的石料、土料，减少工程量，如图1.10所示。

图1.9　悬于台地的谷贻堂

图1.10　改造地形、后垒前挖的绍安庄

2. 围护墙

以木构为主的传统民居防御性较弱，族人无法主动防御匪患，只能被动逃跑。高大的夯土墙、垒石墙能有效抵御以冷兵器、鸟铳为主要武器的土匪的袭扰。依托夯土墙可以建造围屋，增加居住空间，也可以修建跑马道连接角楼，大大提升庄寨的防御性。

在治安稍有好转又受限于财力时，一些庄寨在建设中就地取材，夯筑土墙，满足日常使用。其正立面形式比较灵活，除正门外可以开辟 1~2 个偏门，便于进出。此类庄寨多以一层为主，堡墙较矮，瞭望范围较近，防御性稍弱。

随着防御需求的加强，垒石夯土墙（图 1.11）越来越受到重视。垒石夯土墙有两种形式：一种是底部垒石，在垒石墙上方夯筑土墙；另一种是内部夯土，外部使用垒石墙包裹。

垒石后在上方夯筑土墙的垒石夯土墙需要将垒石墙地基挖至老土层，若地基松软，则需以松木打桩、填石稳定基础。石墙两侧使用大石块垒砌，中间填充碎石，再用黄土填缝。每一块石料至少要与三块石头相接触，才能保证石墙的稳定。垒石层顶部整平，在其上方夯土至所需的高度。这种垒石夯土墙厚度为 0.5~1.5 米，在缺乏重火器的时代单凭撬棍等工具很难破坏（图 1.12）。

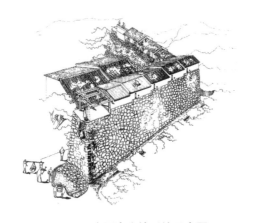

图 1.11　垒石夯土墙手绘示意图

图 1.12　积善堂高大的垒石夯土墙

嘉禄庄的垒石夯土墙（图 1.13）则是另一种工艺的代表。寨墙为夯土，外包石块，底部夯土墙厚达 3.2 米（含外包石材厚度），顶部夯土层厚达 1 米（无外包石材）。大门部位采用条石磨缝砌筑，石材厚 2.2 米，仅在门后有 1 米厚的薄夯土墙。在庄寨前部设有武器库、弹药库❶，应对频繁的土匪袭扰。为了防火，采用全实墙构筑方式。

图1.13　嘉禄庄的垒石夯土墙

3. 角楼和跑马道

角楼和跑马道的运用是庄寨防御体系走向成熟的标志。它们是对夯土墙与各类防御性构造措施的整合，是应对匪患愈演愈烈趋势的空间响应，是一种较为高级的防御模式，可以快速组织防御。

角楼多为两层或三层。规模较大的庄寨，角楼常用垒石夯土形式，与外墙或者围屋连成一体，另有一些角楼会采用砖砌工艺。一些规模较小的庄寨，角楼可以采用夯土的形式，独立于建筑之外。大型庄寨一般有二至四个角楼，如绍安庄、爱荆庄就在对角线上分别建角楼，每个角楼观察、控制两个方向，并能保证墙根和墙面的安全。和城寨建有四个角楼，防御能力更强，外圈一层为厚重的墙体，二层为跑马道，连接四个角楼（图1.14）。跑马道两侧均为夯土墙，与中埔寨的跑马道（图1.15）一侧为夯土墙另一侧为木质栏杆不同。

跑马道是在高大的垒石夯土墙上修建而成的一圈环形贯通的通道，串联起角楼，形成点线结合的防御体系。跑马道将斗形窗、射击口等构造设施串联起来，便于全方位观察庄寨周边的情况，并予以还击（图1.16）。通过跑马道的贯通联系，可以快速集结族人，形成局部优势力量，应对土匪从单一方向的进攻。

❶　张兵华,刘淑虎,李建军,等.闽东地区庄寨建筑防御性营建智慧解析——以永泰县庄寨为例[J].新建筑，2019（1）：120-125.

图 1.14　和城寨的角楼

图 1.15　中埔寨的跑马道

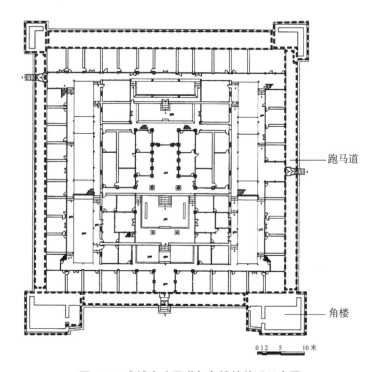
跑马道

角楼

0 1 2　5　　10 米

图 1.16　中埔寨跑马道与角楼的关系示意图

4. 防御性构造措施

从普通民居到庄寨的发展过程可以看出，庄寨的防御设施、防御技术等逐渐走向成熟，结合垒石夯土墙、跑马道、角楼等建筑空间，发展出一套较为完善的防御体系。

大门是进出庄寨的必经通道，也是防御的薄弱环节，因此大门的设计与安装需要注意防火、防蛀、防撞、防破坏等。在拥有夯土垒石墙的庄寨，选择厚重的大门很有必要。

　　大门一般采用实心木料，厚度在 7 厘米以上，部分门外部包上一层铁皮，防止刀砍斧剁。例如，中埔寨正门有两层，平时外侧大门常打开，使用内侧木门分隔内外空间。寨门所用的木制门闩都比较粗大，两侧垒石墙的石块中预留插入门闩的方形口，开门时将门闩插入一边，关门时将门闩抽出，伸入另一边，卡在门后，即可防止门被撞开。一些庄寨如北山寨等也会使用铁制门闩。

　　当土匪躲藏到门洞中，难以从夯土墙面的射击口还击时，可以将烧开的桐油从二楼大门顶部预留的两个注油口淋下，将其烫伤。若土匪用火攻，企图焚烧大门，则可以从该口注水灭火。

　　在正门厅大门内侧门扇顶端刻有一个葫芦形或蝙蝠形等样式的浮雕，寓意族人"福禄双全"，同时可以防止匪徒从门底缝隙用杠杆将木门撬出门轴，直接将门扇推倒。二重厅的大门一般利用门板最中间一块的突出缘部分，突出约 1.5 厘米，用于防撬。以中埔寨大门为例，其防御性构造示意图如图 1.17 所示。

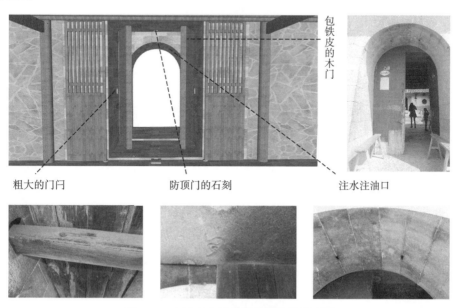

图 1.17　中埔寨大门的防御性构造示意图

此外，在夯土墙墙体上会预留斗形窗和射击口，用于观察和射击。

庄寨的夯土墙上会设置各种角度斜向下的射击口，内部衬以中空的竹筒，射击躲在墙角的敌人（图1.18）。竹筒的粗细视需求而定，大小没有统一的标准。

斗形窗因其外形类似于斗而得名，是一种内大外小、内宽外窄的瞭望、射击窗（图1.19、图1.20），一般位于夯土墙二楼的位置，少数庄寨一楼有斗形窗，个别庄寨在第三层也有斗形窗，如万安堡。斗形窗可发挥以下功能：

1）在斗形窗两侧观察，能够获得更广阔的视野范围，而庄外无法知晓内部防御人员的位置。

2）斗形窗外侧口小，能够阻碍大部分流弹射入，保护寨内人员安全。

3）用枪从斗形窗向外射击，能够击伤远距离的敌人。

4）斗形窗在不使用时可以关闭，防止外部窥探。

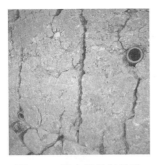  

图1.18　墙中的竹制枪孔　　　图1.19　斗形窗内侧　　　图1.20　斗形窗外侧

5. 给排水系统与粮仓

在动乱的社会环境中，庄寨时常要面对土匪兵痞的长期围困，一旦被围，饮水和食物将遭受极大的威胁，这关系到庄寨应对围困、打持久战的能力。庄寨内部若有稳定的供给保障、自给自足，则能够团结族人，坚持到胜利。因此，许多庄寨的营建都对水源和粮食储备表现出相当程度的重视。另外，给排水关乎庄寨的风水，在选址、建设时通常会统筹考虑。

水井是庄寨用水的主要来源（图1.21）。庄寨内部的水井多数位于露天环境中，如青石寨、中埔寨等的水井水质比较清澈，部分水井至今仍然在使用。比较特殊的是，绍安庄有一口古井呈半圆形，位于角楼的内部一层，需要从围屋二楼前往角楼，通过木制楼梯才能够到达，作为庄寨被围困时的备用水源

（图1.22）。从风水角度来看，绍安庄的水井是"阴井"，庄寨处于阳面，在这里保留水井可以与院落整体阴阳平衡❶。此外，族人还会从附近的溪边、河边或其他水源挑水倒入大缸中，以备使用。水缸储水发挥着风水补救和消防两个作用❷。

图1.21　古洋寨的水井

图1.22　绍安庄角楼中的水井

面对山区地形和多雨的自然环境，庄寨十分重视排水系统的建设，防止洪涝灾害给庄寨建筑带来破坏的同时还能起到收集水的作用。庄寨有一套完整的排水系统，屋檐的雨水通过檐沟汇集到天井两侧的排水沟，再通过内部的水口滴落汇集到下一个天井，最后通过地下排水沟渠从水口排至庄外（图1.23）。有

图1.23　地面的折线形排水沟
将水排至门外

的庄寨将这些排出的水导入门外的泮池，既满足了当时社会对于风水的要求，也在实际上将这些降水储存起来，作为日常生活用水、农业灌溉用水和消防用水。这些营建智慧充分挖掘了自然资源的潜力，将庄寨打造成足以抵御外界侵害的自给自足的家园。

庄寨排水口的砌石常用葫芦、铜钱等形状。水口为葫芦，取意谓之"福禄"（图1.24）；铜钱形水口代表财源广进。从风水角度考虑，排水出庄的地

❶　来自绍安庄黄氏族人的访谈。
❷　来自爱荆庄族人鲍道龙、鲍道鉴的访谈。

下排水管沟一般做成折线形，而不直接排出庄寨，并且会在正门厅设置一个直径约 50 厘米的圆形窨井，象征着财富不会直接外流（图1.25）。在绍安庄以前的维修中，挖开土层后发现下方的窨井直径为 50~60 厘米，深 40~60 厘米，井内为八卦图样。❶

图1.24　葫芦形排水口　　　　图1.25　正门厅圆形窨井

图1.26　岳家庄的粮仓

庄寨的粮仓一般位于前楼、后楼、护厝的二层，用于储存粮食，防备匪患，后来也常常用于储存其他生活用品，如昇平庄的粮仓设在围屋的第三层阁楼中❷，岳家庄在二楼设粮仓以储存粮食（图1.26）。

（三）从大厝到庄寨：防御性的增强

庄寨的建设不是一蹴而就的，而是历经较长时期、阶段性地修建。多数庄寨的修建历经几年、十几年甚至几代人的时间，逐步扩建，完善防御体系，扩展生活空间。防御性强的庄寨一般有两种建造过程，一种是在旧房周边新建具有垒石夯土墙的庄寨，另一种则是在祖屋外围加筑垒石夯土墙，增强防御性。大洋镇的荣寿庄、昇平庄，霞拔乡和东洋乡的"父子三庄寨"（谷贻堂、绍安庄、积善堂）即属于前一种情况。谷贻堂始建于 1860 年，由黄孟钢亲自选址建造，而后其长子黄学书于 1895 年在不远处的另一个山谷中新建绍安庄。其三子黄学猷于 1905 年在

---

❶　来自绍安庄黄氏族人的访谈。
❷　来自昇平庄庄寨理事会会长鄢振斌的访谈。

谷贻堂坡底不远处新建积善堂，形成了"父子三庄寨"的格局（图1.27）。

图1.27 谷贻堂（右下角）与积善堂（左上角）的相对位置关系

另一种情况也体现出庄寨建设的过程。在永泰，若财力有限，修建传统民居时先修建正厅、官房、二房（又称"六扇"）、三房（又称"八扇"），有的甚至只建正厅和两厢，而后逐渐向前后延伸，利用横屋与围屋向两边扩展并四面围合，最终形成具有轴线结构和圈层结构的大型民居。

当匪患盛行，防御需求变得十分迫切时，则会加筑厚重的垒石夯土墙。中埔寨、成厚庄就是分两个阶段修建的典型例子。这两个庄寨均是先建中间圈层，若干年后根据防御需要和经济能力再扩建外部圈层。这个逐渐建设的过程与清中期之后福建山区商品经济的不断发展、民间财富的不断积累有关。到了同治、光绪年间，庄寨防御性体系的发展达到了巅峰。

中埔寨是从普通民居发展为庄寨的代表，其内圈始建于清嘉庆十四年（公元1809年），是由林孟美建造的"逢源宅"。该宅正面为木构建筑，另外三面的墙体较为单薄，从形制上看类似于下坂厝。墙身无斗形窗、射击口等防御设施，容易受到袭击。林孟美之子林程德续建了外圈厚重的垒石夯土墙，墙体上新建了跑马道，增设大量斗形窗、射击口，能够在较大的范围内观察、守卫庄寨。修建的正门与两个侧门使用粗大的门闩，上方预留注水注油口等。由于庄寨东侧有山坡，为了防止土匪在山上射击，将西侧的跑马道栏杆替换成夯土墙。新建的外圈墙体呈八卦形，因此中埔寨又名"八卦寨"。通过新增一系列设施，完善了中埔寨的防御体系，完成了从普通民居向庄寨转变的过程

（图 1.28）。

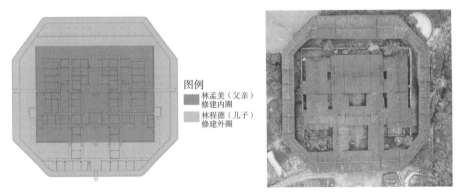

图例
■ 林孟美（父亲）修建内圈
■ 林程德（儿子）修建外圈

图 1.28　中埔寨的建设时序示意图

　　成厚庄始建于清康熙三十四年（公元 1695 年），为陈德美所建。内圈虽有较单薄的垒石夯土墙，但无斗形窗等防御设施，防御能力较差。随着宗族的发展与人丁的繁衍，扩展居住空间的需求日益增长，另外也需要保护家族的财富与安全，因此陈德美的五代孙陈用藻在原庄之外扩建出一整圈的围屋，形成两圈庄墙，原来的庄就成了内圈。同时，在外圈增修跑马道、两座角楼，完善斗形窗、射击口等设施，极大地提升了成厚庄的防御能力与居住功能，将其从仅靠夯土墙御敌的被动型防御民居发展成具有射击工事、防御体系完善的庄寨。由于地形限制，成厚庄两个圈层的厅堂不在同一轴线上，形成一种特殊的空间序列（图 1.29）。

图 1.29　内外两圈在不同时间建造的成厚庄

三、永泰庄寨的现状

（一）分布

永泰庄寨规模大、数量多，分布广泛，现存的 152 座庄寨主要分布于除永泰县东南部之外的县域之中，其中大洋镇、同安镇、嵩口镇、霞拔乡、丹云乡等乡镇数量较多，分布较集中。

庄寨的分布主要与不同家族的迁徙和繁衍有关。诸多家族搬迁到永泰，为了生存而开始建造居所。由于人口增加或者其他原因，一些家族采用分家的方式分割住所、田地、财产等，之后再在祖居周边新建房屋，供后人居住。另外，随着社会动荡风险的增加，一些家族的后代在祖居周边新建了具有防御功能的庄寨。因此，庄寨与周边的其他民居往往形成集群分布的状态，如鄢氏家族在大洋镇建造的荣寿庄、昇平庄等，张氏家族在同安镇建造的仁和庄、斗星庄、聚星庄等，黄氏家族在霞拔乡建造的省墘寨、容就庄、龙镜庄等。

（二）保护进程

永泰庄寨被社会关注较晚，在过去的数十年间，由于大量居民外迁，部分庄寨长期空置、年久失修，加上自然侵蚀，出现了主体建筑构架歪闪、屋顶破损、木柱糟朽、夯土墙开裂、外层围屋或角楼倒塌损毁等残损现象，状况岌岌可危（图 1.30）。

2015 年开始，永泰庄寨的价值逐渐被世人重新认知。2016 年 3 月，由中国文物学会世界遗产研究委员会、中国国土经济学会国土与文化资源委员会、永泰县人民政府共同主办的"福建永泰文化遗产保护研讨会"邀请了 26 位知名专家共同探讨永泰庄寨保护发展事宜，拉开了系统性研究与保护永泰庄寨的序幕。同年开始启动由复旦大学国土与文化资源研究中心、中国文物学会世界遗产研究委员会承担的《永泰庄寨保护修缮导则》编制工作，为庄寨的保护修缮提供指导；由清华大学、中国文物学会世界遗产研究委员会承担"永泰庄寨群综合研究"项目，为庄寨的保护和利用工作提出建议。2018 年 12 月召开的

"乡村复兴论坛·永泰庄寨峰会"作为庄寨对外宣传的重要平台,在推广庄寨文化、发挥庄寨影响力等方面起到了重要作用。

图 1.30　庄寨构架歪闪、墙体破损

截至目前,仁和庄、昇平庄、积善堂、绍安庄、中埔寨 5 座庄寨以"永泰庄寨建筑群"的名义列入第八批全国重点文物保护单位;同安寨、荣寿庄、爱荆庄、宁远庄、庆丰庄、和城寨、九斗庄、竹头寨、谷贻堂共 9 座庄寨列入福建省文物保护单位;土厝、北山寨、岳家庄、宝善庄、容就庄、香远堂、新安庄、珠峰寨、巫洋寨、福隆居、祥福堂共 11 座庄寨列入县级文物保护单位。此外,永泰小型防御式民居的代表赤岸铳楼群列入福建省文物保护单位。

(三)修缮 ❶

永泰庄寨的保护修缮是多方合力的结果,其中宗亲、庄寨理事会和政府部门发挥了至关重要的作用,探索出了文化遗产保护实践的可行方法。

1. 宗亲

很多宗亲都是普通村民,在庄寨中拥有若干间房屋,最能够在修缮时表达出日常生活与发展的需求,庄寨修缮与他们的利益息息相关。因为长期生活在庄寨,他们对庄寨拥有最深厚的感情,熟悉庄寨破损情况,也了解宗亲中的各种人情关系。

庄寨的村民在修缮中一般扮演两种角色:传统工匠和日常使用者。近

---

❶　本节部分内容引用自:初松峰.宗亲推动下的永泰庄寨修缮和公众参与 [G]// 中国城市规划学会.持续发展 理性规划——2017 中国城市规划年会论文集(18 乡村规划).北京:中国建筑工业出版社,2017.

年来，随着经济的发展，很多村民搬出了庄寨，搬到城市或在庄寨附近新建住宅，但是他们依然关心庄寨的保护、修缮与发展。由于种种原因，有一小部分居民仍然生活在庄寨中。庄寨的修缮离不开这些村民的参与，他们参与的主要方式包括：参与日常维护，看守庄寨，保证安全；参与方案讨论，协商修缮愿景；参与、监督修缮过程，清理、优化庄寨周边环境；捐资捐物。

庄寨中的传统匠人一般是具有施工经验的木匠。修缮工作往往由六七十岁的老工匠主持，而一些八九十岁的老工匠则更加了解传统工艺或者构件的地域性名称，常常作为顾问，为其他工匠答疑解惑。例如，负责爱荆庄修缮指挥工作的是 69 岁的鲍道龙师傅，他为各个工匠分配日常施工任务，参与修缮材料的选择与木构件的制作等，而 86 岁的鲍才坚老师傅则更熟悉庄寨各部分的本地叫法，为庄寨的理论研究与修缮实践提供了宝贵的素材。

同姓宗亲是庄寨保护与发展的重要支撑。无论是本地的还是外省的宗亲，即使不是永泰庄寨族人的直系血亲，也依然以血缘为纽带积极参与到庄寨的修缮与文化发展之中。张氏族人在仁和庄举办的"纪念张元幹 925 周年"活动吸引了大批各地张元幹的子孙参加；爱荆庄则凝聚了鲍氏力量共同修缮；鄢氏族人中的企业家捐资 130 万元，用于修缮荣寿庄（图 1.31、图 1.32）。这些都体现了宗族血脉的力量。

图 1.31 修缮中的荣寿庄

图 1.32　修缮后的荣寿庄

2. 庄寨理事会

在政府的引导下，许多庄寨成立了各自的庄寨保护与发展中心，作为"利用非国有资产、自愿举办、从事非营利性社会服务活动的组织"，管理庄寨的保护发展事宜。这类机构在永泰县民政局正式登记，由永泰县科技文体局进行业务主管。中心设置理事会，一般简称"庄寨理事会"，其成员大多数为该庄寨的家族成员，负责村内联络、庄寨日常管理与修缮、召集与协调各房族亲参与维护，同时对接政府部门，代表庄寨申请修缮项目资金，组织举办各类活动。此外，庄寨理事会还与企业、同姓族人联络，筹集修缮资金。

3. 政府部门

永泰庄寨的保护离不开政府的支持。在庄寨修缮中扮演重要角色的政府部门包括永泰县村保办、各级乡镇政府等。2015 年成立了永泰县传统村落暨古寨堡保护与发展领导小组，并于 2017 年 3 月更名为永泰县古村落古庄寨保护与开发领导小组，下设永泰县历史文化研究发展中心，负责永泰县庄寨保护修缮工作的总体协调。同时挂牌的机构包括负责匠艺传承的传统建筑名匠传习所、庄寨复兴基金会及历史文化研究会。政府以民间组织的形式支持成立庄寨复兴基金会，划拨 1000 万元作为原始资金，在此基础上吸纳公益资金，用于庄寨的修缮。另外，在庄寨修缮过程中，政府总体规划，监督修缮资金的使用，保证修缮材料、工艺符合标准与规范。

政府部门为永泰庄寨的保护修缮制定了一系列的政策，设立了政府奖补资金使用的"四道门槛"❶：

1）奖补的对象必须是庄寨或属文物的建筑——保障资金用于具有较高遗产价值的庄寨。

2）接受单位必须是法律认可的社会组织——在主体上以庄寨理事会为主要对象，保证资金使用的正当性与合规性。

3）奖补对象必须先建，政府才能后补——发挥村民的积极性、主动性，对庄寨进行抢救，保证不倒不塌。

4）政府补助必须占小头，即不超过总投资的 50%——发挥政府资金的杠杆作用，撬动民间资源投入。

在四个"门槛"的约束下，永泰县财政通过 1000 多万元的奖补资金引导村民自筹了超过 1500 万元的保护修缮经费。

此外，针对非文保类的民居，鼓励村民聘请本地工匠，采用陪伴式修缮的方式，在修缮中全过程互动。在村民自筹资金为主的前提下，鼓励村民秉持"不设计、不招标、不外请、不外买"的"四不"做法，降低修缮成本，最大限度发挥资金功能，花小钱办大事。

---

❶ 张培奋.重塑永泰庄寨的社会治理功能 [J]. 社会治理，2018（4）：90-93.

第二章

路径探索：从价值认知到庄寨保护

长期以来，中华民族世代在这片土地上生存、繁衍、发展。在这个过程中，以血缘关系为纽带的家庭逐渐扩大，并通过与地缘、利益关系的结合演化出种种再生形态，形成一个从家庭到家族不断分化整合的系统❶，衍生出富有中国传统思想、价值观念、行事逻辑的"家文化"。家文化是中华文化的重要组成部分❷，在历史上发挥了文化传承、教化族人、社会治理等重要作用。在此基础上形成的家国天下的价值体系是中国人独特的认同方式❸，深刻地影响着国人的自我认同与文化认同。

永泰庄寨深受家文化的影响。庄寨由家族所建、为家族所用，庇护家族的子孙。庄寨是族人的重要家园，是他们栖息、繁衍的场所，是心灵的港湾。庄寨在空间布置、建筑结构、装饰等多方面体现出家文化的特征。为了更好地保护利用庄寨，除了认识庄寨建筑空间的特征、认知庄寨建筑的价值，还应当探讨物质背后影响庄寨建筑特征、发挥决定性作用的文化价值，即正确评价永泰庄寨家文化对庄寨后人、对当代社会的价值。

笔者所在的研究团队自 2016 年起在永泰乡间调研 80 余天，采访了 100 余名村民、20 余名传统工匠、相关领域的专家、各级政府部门的领导、外来经营者等，研究家文化的历史特点与当代价值，搜集整理永泰传统建造技艺，在此基础上编制了《永泰庄寨保护修缮导则》（以下简称《导则》），以指导全县的庄寨保护实践。为了让普通村民在保护修缮中能够看得懂、用得上，《导则》采用手绘表达为主、照片与文字说明为辅的呈现方式，在一次次邀请工匠与村民评审、阅读后，不断调整优化，进行学术界与地方的双向互动，真正实现从价值认知到保护实践的转化，将保护意图落在实处。

一、家文化：永泰庄寨的本土价值

家族组织是中国传统社会结构的基础，家文化是家族历经繁衍、发展过程凝出的文化成果。在中国的乡土社会中，一方面，政治、经济、宗教等功

---

❶ 郑振满 . 明清福建家族组织与社会变迁 [M]. 北京：中国人民大学出版社，2009：14.

❷ 陈延斌，张琳 . 建设中国特色社会主义家文化的若干思考 [J]. 马克思主义研究，2017（8）：56-66，159-160.

❸ 许纪霖 . 家国天下：现代中国的个人、国家与世界认同 [M]. 上海：上海人民出版社，2017：472.

能都可以由家族来承担；另一方面，为了经营这许多事业，家的结构不能限于亲子的小组合，必须加以扩大。家必须是绵续的，不因个人的长成而分裂，不因个人的死亡而结束，于是家的性质变成了族。❶家文化就在家族的扩大、延绵中逐渐形成。

近代以来，随着西方叩开中国的大门，传统社会逐步开始瓦解。中华人民共和国成立及改革开放以来，新制度带来新的意识形态与价值观念，并对资源分配、行政管理、生产生活等很多方面进行重塑，极大地影响了传统家族的特征。随着当代城镇化、市场化、消费化进程的发展，乡村中家族的文化处在不断被消解但又不断往复的过程中。❷面对现状，我们不禁要问，在传统社会中产生的家文化在当代具有什么样的价值？

永泰庄寨是研究这个问题的合适的对象。许多庄寨拥有上百年的历史，保留了大量的历史文书，涵盖范围很广，如包括了地理风水、家谱资料、建造技术等诸多方面，时间上跨越了明朝、清朝、民国、中华人民共和国成立及改革开放以来的各个时期，是永泰家文化的历史明证。此外，通过口述史也可以对永泰家文化的发展、演变窥见一斑。

或许，当我们走进永泰庄寨，去审视家文化对庄寨后人的价值时，庄寨自会告诉我们答案：

> 楼槛凭乡井，眺月瞻星，且作升平守望；
> 垣墉面祖祠，捍风障雨，聊成族姓藩篱。
>
> ——福建永泰宁远庄楹联

（一）维系家族生存繁衍的力量源泉

长期以来，乡村是我国社会的主体。1949 年，我国城镇化率仅为10.64%，城镇人口数量为5765万人。家族通常以乡村中的重要制度出现❸。虽然世界和国家发生了一系列的重大改变，但是家族的演变受到历史传承的影响，受到社会与文化等因素的制约，始终有一些是未曾改变的：家族的血脉

---

❶ 费孝通. 乡土中国 [M]. 上海：上海人民出版社，2006：33.

❷ 王沪宁. 当代中国村落家族文化——对中国社会现代化的一项探索 [M]. 上海：上海人民出版社，1991：210-211.

❸ 科大卫. 皇帝和祖宗：华南的国家与宗族 [M]. 卜永坚，译. 南京：江苏人民出版社，2010：13.

关系的外化形式大大改变了，但其内在逻辑依然存在。❶也就是说，随着时代的进步，家族的人身依附关系等束缚人自由发展的锁链已经被打破，但是家族长期繁衍产生的文化特点、传统观念和习俗依然在潜移默化中发挥作用。在永泰，家族承担着重要的功能，如祭祀祖先、编制家谱、接续香火等。

1. 敦宗睦族

敦宗睦族是家族生存、繁衍的必然要求。单个家庭为了更好地生存，以血脉为依托，通过礼仪制度、修编家谱等方式追溯共同的祖先，形成家族。经过长期演变，家族发展成为制度，保护成员免受外界的威胁❷，确立族人的权利与义务，与之相匹配地享有对应的财产权利。在传统社会以小农经济与手工业商品交换为主的社会背景下，家族中的分工合作、互相帮助更有利于个人与家庭的生存。由此，家族成为中国传统乡村社会重要的组织方式。永泰县下园村的黄氏油坊就是一个很好的例子。

黄氏族人搬迁到下园村以后逐步经营起自己的产业，建立了一座油坊，主要榨茶油，曾是周边地域最重要的油坊之一（图2.1）。这座油坊有时会由族人租用，需向家族交付使用费。在田野调查中发现了一份1950年租用油坊的契约，标明了油坊的来源、位置、出租的房间、器具等，明确规定了油坊设备的修缮主体、租金、续租等内容（图2.2）。

图 2.1　下园村油坊

敦宗睦族的形式多样，建造庄寨庇护族人就是一种重要的途径。福建一直以来就有重商的传统❸，商业经营也为庄寨的建设奠定了物质基础。一些大型庄寨的建造离不开经商的收益，无论是贸易、手工业还是山林的原材料出

❶　王沪宁.当代中国村落家族文化——对中国社会现代化的一项探索[M].上海：上海人民出版社，1991：232-233.

❷　同❶，3.

❸　郑学檬，袁冰凌.福建文化内涵的形成及其观念的变迁[J].福建论坛（文史哲版），1990(5)：70-75.

口，都为家族生存提供了重要的物质基础。例如，珠峰寨（又名钦察寨，如图 2.3 所示）建立者的祖父谢德钟通过米行发家，积累到孙辈谢钦察时已经拥有丰厚的家产。面对当时土匪猖獗、许多家族遭到土匪抢劫家财的情况，为保子孙平安，谢钦察于清道光十七年开始建寨，耗时二十多年建成。庄寨建成后收宗族，让族人居住其中，免受匪患之害。

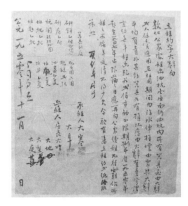

图 2.2　油坊租约

图 2.3　珠峰寨

合理经营、分配族产是敦宗睦族的一项重要手段。族产包括田地、房屋、山林等不动产及其他设施与资本。随着族人开枝散叶，人口不断增长，若干年后，在分家时以《阄书》（图 2.4、图 2.5）记录各家的房产、田产、财产等，作为后世子孙产权界定的依据。分配族产时遵循的核心原则是以家族制度和家族凝聚力为前提的诸子均分，以维持大家族的稳定和持续繁荣。为了防止分家之后家族聚居的崩解，诸子所得的居住空间采用穿插互渗的分配策略以促进交往、相互牵制，并在析分安排中保证房间数量与空间附带权益的均好，以保证家族内部的公平。除了遵循经济上的平均原则，房产分配还反映了庄寨平面形制中存在的等级秩序，这体现在等级空间分配的昭穆秩序及长子（或家长）权益相对占优等方面。[1]此外，为了达到团结族人的目的，还会采取分家不析产、分家不分户、分家不分祭等方式，共同继承、使用部分财产，使分家后的族人仍可继续维持分工协作的关系[2]，减少家族分崩离析的可能。

[1]　蔡宣皓.历史人类学视野下的清中晚期闽东大厝平面形制——以永泰县爱荆庄与仁和宅为例[D].上海：同济大学，2018.

[2]　郑振满.明清福建家族组织与社会变迁[M].北京：中国人民大学出版社，2009：207.

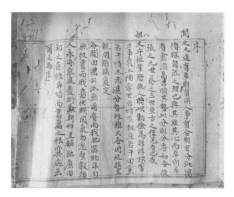

图 2.4　青石寨张氏《阄书》　　　　图 2.5　龙镜庄黄氏《阄书》

2. 尊宗敬祖

祭祀祖先是尊宗敬祖的直观表达，也是家族重要的仪式。通过祭祀仪式和日常供奉表达出个体与祖先的关系，也是对"我是谁""我从哪里来"等问题的回答。在中国历史上，立庙祭祖是等级特权的象征，历代对此都有严格的限制，从而形成了等级森严的宗法制度。❶朱熹等宋代理学家制定的《家礼》规定，庶民供奉和祭祀祖先不是在坟墓就是在佛寺（所谓功德祠），或者在家中供奉。❷明朝初年，对祭祀者的官职身份、祭祀多少代祖先等都有着相当清楚的限制。❸但是在坟墓旁建立祭祀祠堂这种宋朝的习俗，明朝的律令并不禁止。❹直到明朝"大礼议"事件，家庙才逐渐开始普及。❺从明中叶起，自立且专属的祠堂在福建广为扩散。这些祠堂通常用于祭祀远祖，即服制之外的祖先。

祭祀祖先的地点包括祖先墓葬、祠堂、祖厝及居所的厅堂。明清以降，山林私有化程度加深，福建民间以祖墓为中心的祭祖活动变得频繁和隆重。❻仍以下园村黄氏为例，黄氏敦公随王审知入闽，居于闽清县七都凤棲山下，生

---

❶ 郑振满 . 明清福建家族组织与社会变迁 [M]. 北京：中国人民大学出版社，2009：172.

❷ 科大卫，刘志伟 . 宗族与地方社会的国家认同——明清华南地区宗族发展的意识形态基础 [J].
历史研究，2000（3）：3-14，189.

❸ 科大卫 . 皇帝和祖宗：华南的国家与宗族 [M]. 卜永坚，译 . 南京：江苏人民出版社，2010：125.

❹ 同❸，93.

❺ 同❸，11.

❻ 同❶，59.

六子,雅号"六叶"。卒后,有虎葬之异,称为"虎丘黄氏"。❶至今,黄氏依然保持着墓祭的习惯。虎丘黄氏容就房制作了《祭祀簿》发放给各房族,其中明确规定了为各位祖先祭扫坟墓的时间、费用安排,"农历八月初一日,当年祭祀头人要组织各房有关人员赴闽清七都参加祭扫虎丘墓"。除在黄氏敦公墓前祭扫外,容就房还组织祭扫黄容就的祖父黄思扨的坟墓,"农历十一月初十日,当年祭祀头人要组织各房有关人员赴城峰镇蕉濑村,参加祭祀思扨公坟墓",以及农历十一月十一日,组织祭扫黄思扨相关的几座墓葬。当然,祭祀黄容就是容就房的重要责任,对祭祀时各房派遣人数、餐费等也做出了明确的规定,"每年农历二月廿四日,赴城峰镇太原村祭扫容就公坟墓,每房二人,加油坊承包者一人,共九人参加,车费和午餐费均由当年祭祀主持人负责","农历二月廿五日,每房轮二人在本地祭扫容就公相关的祖坟和祖厝,当年祭祀主持人负责午餐"。可以看出,墓祭是福建永泰家族祭祀的重要形式(图2.6)。

图2.6 虎丘黄氏二叶始祖黄礼墓祭仪式　　图2.7 虎丘黄氏始祖黄敦祠堂祭祀
注:图片由虎丘黄氏后人黄修基、黄步坚提供　　注:图片由虎丘黄氏后人黄修基、黄步坚提供

祠堂是另一个祭祀的重要场所,也是族人重要的公共空间。祠堂、祖坟等的建设代表了一种地方性的荣誉感。❷福建现存大约13000座祠堂❸,永泰的

---

❶ 永泰县霞拔乡下园村《黄氏家谱》记载:"黄氏祖居江夏,而后迁至河南固始。唐末,天下大乱,中原民不安生,不断往外迁徙。黄敦偕弟黄膺,于河南固始从忠懿王王审知入闽,辞官归田。敦公居闽清县七都凤楼山下,生六子,雅号'六叶'。公卒,有虎葬之异,故称'虎丘黄'。吾祖系二叶礼公,生子定公。定公生三子,长子用公,迁尤溪,为桂洋系;次子延公,定居霞拔乡南坑村,为南阳系;三子富公,定居白云乡,为麟峰系。延公生三子,长子转公,留居南坑村;次子健公,迁居大洋漈尾村,部分后裔回迁闽清七都洋头祖厝;三子梨公早殇。续衍世次,本谱均有详述。"

❷ 王铭铭.地方政治与传统的再创造——福建溪村祠堂议事活动的考察[J].民俗研究,1999(4):12-30.

❸ 甘满堂.福建宗祠文化的当代社会价值与提升路径[J].东南学术,2019(4):110-117.

很多家族也建有祠堂。例如，虎丘黄氏后人迁至南坑村，建立了十房南坑上祠堂（南阳黄氏支祠）、九房南坑下祠堂（黄氏支祠），用于祭祀祖先（图2.7）。每年农历七月初七日，黄氏容就房后人中当年的祭祀头人要参加南坑上祠堂的祭祀和卫生扫除；每年农历正月初九，需要派代表参加永泰黄氏祠堂的祈年祭暨庆赏元宵活动。

在福建，祖厝与祠堂的关系十分密切。所谓祖厝，即历代分家时留下的公房，主要用于奉祀族内各支派的支祖。❶福建历史上的家族祠堂最初大多是先人故居，俗称"祖厝"，后来经由改建，演变为祭祖的专祠。❷虎丘黄氏敦公的第二子（二叶）后人、第四世黄延迁居至南坑村，称为南阳黄氏。二叶黄礼的祖居位于闽清七都洋头祖厝，称为洋汾厝。此外，东房祖厝（南坑卢公祠）对二叶后人来说也是比较重要的祖厝。随着时代的发展，很多族人逐渐搬离庄寨，在周边或城市中营建、购买新的居所，许多庄寨也会变为"祖厝"，虽然不再具有居住的功能，但是可供后人在特定时节归来祭拜。下园村的省墩寨、容就庄、龙镜庄等"一寨九庄"都是南阳黄氏一脉，属于祖孙、父子、兄弟等关系，在不同的庄寨分别祭祀某一代或几代的先祖（图2.8、图2.9）。

图2.8 成为"祖厝"的省墩寨（正厅）　　图2.9 省墩寨正厅公婆龛中祭祀的香灰

庄寨的厅堂也承载着祭祀祖先、传承家族信仰的功能，是明清在居室之中祭祀祖先的所在。正厅是庄寨中最重要的场所，在永泰人的观念中，正厅是供奉祖先灵位的地方，是祖先灵魂安息之所。正是对祖先的崇拜与信仰赋予了庄寨神圣性。访谈中有村民表示，"庄寨是老祖宗留下来的，作为后代让

---

❶ 郑振满．明清福建家族组织与社会变迁 [M]．北京：中国人民大学出版社，2009：176.
❷ 同❶，120.

它破败不去修，心里过不去。"为了维护这种尊宗敬祖的信仰，族人们会保持正厅作为祭祀空间。省墩寨和石岸寨是比较典型的例子，它们均已无人居住，外圈的围墙或人为拆除，或自然倒塌，也都不复存在，但是为了祭祀祖先，族人们依然出资，修缮正厅。对黄氏族人访谈得知，他们每年还会定期在省墩寨祭祀（图2.10）。同样，在石岸寨的正厅也能看到何氏族人祭祀的痕迹（图2.11）。

图2.10　仅剩正厅的省墩寨　　　　**图2.11　仅剩正厅的石岸寨**

3. 编制家谱

家谱即一个家族记载自己历史的册籍，故有"国有史记，家有谱书"之说[1]，它是千千万万中国人存在过的历史见证。地方志书、文学作品中记录的人十分有限，青史上留下姓名的王侯将相、博学大儒更是凤毛麟角。作为历史上最普通的一员，家谱对他的记载可能就是一个人在世界上仅有的一笔，是作为个体的人生命长度的延续。家谱见证了千万中国人的婚丧嫁娶、喜怒哀乐，也为后来人窥视历史上的风土文化、研究社会变迁[2]提供了视角。

修编家谱是家族的一件大事。许多大家族长期繁衍，衍生出不同的房族与分支。编制族谱反映出家族乃至族群共同体的向心力和凝聚力。[3]依据修谱范围，家谱包括总谱、支谱等（图2.12、图2.13）。

---

[1] 胡鸿保，定宜庄. 虚构与真实之间——就家谱和族群认同问题与《福建族谱》作者商榷[J].中南民族学院学报（人文社会科学版），2001（1）：44-47.

[2] 王振忠. 一部徽州家谱的社会文化解读——《绩溪庙子山王氏谱》研究[J]. 社会科学战线，2001（3）：216-223.

[3] 定宜庄，胡鸿保. 从族谱编纂看满族的民族认同[J]. 民族研究，2001（6）：58-65，108.

图 2.12 南阳黄氏族谱　　　　图 2.13 象山鲍氏族谱

家谱修编完成后要举办竣谱典礼，以告慰祖先。传承至今的修谱、竣谱典礼除了保持传统的文化内核，感谢祖先庇佑，祝愿子孙繁盛，还在祭文、祭辞中注入了新的时代内容。

在永泰的麟峰黄氏睦房竣谱庆典中，在主持人的带领下，由房长率后裔每代代表 1 人、共 5~7 人作为主祭人，按左昭右穆站立首列，行跪拜礼。与会所有宗亲作为陪祭人站列在主祭人后面，左手在内、右手在外抱成太极状行作揖礼。另外，选出 2 名执事人，负责现场的上香、晋酒等各项具体事务。在祭祀前准备八仙桌 2~3 张，酒壶 2 个，酒杯 3 件，准备鸡（或鸭）、肉、粿、水果等贡品及元宝、棋盘、香、烛、炮等祭祀品。❶祭祀的仪式与流程如下：

1）主持人宣布：麟峰黄氏睦房竣谱庆典开始。鸣炮！

2）主持人宣布：主祭人、陪祭人、执事人就位。

3）主持人宣布：祭拜天地（主祭人列队于廊前，陪祭人朝外）。

主持人唱：生居中土，忝处人伦，

　　　　　承天地覆载深恩，

　　　　　感三光照临厚德，

　　　　　受中华之水土，

　　　　　蒙圣德之恩光。

上香。跪（主祭人跪下）。

初上香（执事人发给主祭人每人 3 根已点燃的香线）。

---

❶ 来源于徐寅生提供的麟峰黄氏睦房修谱材料。

献香（主祭人持香叩拜）。

香进皇天后土，暨古今圣贤座前（执事人收香插进天地炉）。

再上香（同上）。

三上香（同上）。

叩拜：升！跪：叩首，再叩首，三叩首。

祭拜天地礼成（主祭人起立，走向公婆龛位，陪祭人随后面向公婆龛）。

4）祭拜祖先。

叩唱：唯我睦房，守穆黄公。

　　　卜居兹士，繁衍于兹。

　　　一十五世，富贵丁祥。

　　　枝繁叶茂，房旺族强。

　　　宗功不巧，祖德长存。

①上香，跪（同拜天地）。

初上香、献香，香进祖炉。

再上香、献香，香进祖炉。

三上香、献香，香进祖炉。

②晋（进）酒。

初执杯（执事人发给主祭人每人一个酒杯）。

献杯斟酒（主祭人双手捧起酒杯，执事人斟酒）。

灌茅（主祭人灌酒于地面）。

献杯斟满酒（主祭人举杯，执事人斟酒）。

酒进龛前（执事人收酒杯置龛前）。

再执杯（同上）。

三执杯（同上）。

③进牲（执事人将鸡鸭递给主祭人）。

献牲（主祭人持牲一拜）。

牲进龛前（执事人从主祭人手中将鸡鸭捧上龛前）。

④进馔（执事人端给主祭人以粿）。

献馔（主祭人捧粿一拜）。

馔进龛前（执事人捧粿上龛前）。

⑤进果（同上）。

献果（同上）。

果进龛前（同上）。

⑥进财帛（同上）。

献财帛（同上）。

财帛进龛前（同上）。

5）俯伏听宣祝文（主持人宣读祝文）。

6）叩拜列祖列宗。

升！跪：一叩首，再叩首，三叩首。

升！跪：一叩首，再叩首，三叩首。

升！跪：一叩首，再叩首，三叩首。

7）奉申财帛（执事人火化纸箔），再上香。

主持人：诗曰（众和"好啊！"）

      一炷茗香进炉前（好啊！）

      知书识礼子孙贤（好啊！）

      光前裕后承德泽（好啊！）

      宗功不朽瓜瓞绵（好啊！）

      二炷茗香进祖炉（好啊！）

      人寿年丰祸患无（好啊！）

      科学发展财源盛（好啊！）

      与时俱进展宏图（好啊！）

      三炷茗香进炉心（好啊！）

      积善人家科第新（好啊！）

      功名显达财丁贵（好啊！）

      耀祖荣宗代代兴（好啊！）

      兴！（好啊！）

      旺！（好啊！）

      发！（好啊！）

8）礼成、平身、撤馔、鸣炮。

9）颁谱。

4.传承香火

传承香火作为一种传统的思想对中国人有着较大的影响，也是永泰家族延绵的必要条件，其中也涉及一系列的礼仪仪式。在 16 世纪初，冠、婚、丧、祭四礼的重要性已经超出一般礼仪 ❶，逐步形成一系列约定俗成的习惯、观念，也就是"礼"。礼是传统，是经教化而成为主动性的服膺于传统的习惯，它并不靠外在的权力推行，而是从教化中养成个人的敬畏之感。❷ 永泰庄寨的厅堂在历史上经历了诸多礼仪仪式，一些仪式依然延续至今。例如，很多年轻人的订婚仪式、婚礼等庆典依然会选择在庄寨中举行（图 2.14、图 2.15）。如果婚礼庆典不在庄寨举办，也会在正厅墙壁上张贴告示，举行一些仪式，告知祖先晚辈的婚礼。通过一代代的婚礼和一代代子孙，家族的香火得以传承、延续。

图 2.14　德安庄中的婚礼

图 2.15　长安庄订婚仪式上
的公婆龛与供桌

除了婚礼，永泰还有许多习俗反映出家族延绵、香火不断的思想。例如，庄寨建造时，正厅中央前后坡的四条椽子必须通长，在正面的通长椽子和封檐板之间夹上布条，名为"五种袋"，里面盛有五种作物的种子和钱币等物，

---

❶ 科大卫.皇帝和祖宗：华南的国家与宗族 [M].卜永坚，译.南京：江苏人民出版社，2010：136.

❷ 费孝通.乡土中国 [M].上海：上海人民出版社，2006：40-44.

代表着族人美好的期许。在搬家的时候，要先搬几类物品到新家，其中包括：①算盘、秤砣、筛米工具；②成笼的母鸡、小鸡；③火种、锅、水。到了新房后，要用旧的火种点燃灶台，烧水及做米糕供食用❶，意味着新房与旧宅之间产生了联系。

丧葬仪式也反映出传承香火的思想。在永泰人的传统观念中，逝者的"灵魂"进入供奉的系统，需要经过"接香火"的仪式。在族人故去后，剪下眉毛和指甲用红纸包好，男剪左，女剪右。将纸包放在一个新碗里，用一个酒杯盖住纸包，然后在上面点上一根香，放在遗体前面，不停地接续燃香一两天，烧完之后把红纸包放在香炉里面，逝者的"灵魂"就会进入供奉体系接收到香火了。

日常供奉或祭祀时，会在正厅前面的一个窟窿里点三支香，以敬天地；左边（大边）、右边（小边）各点一支香，公婆龛里面点五支香。燃香后要在公婆龛倒酒倒茶，六个杯子里面装三茶三酒，先敬茶后敬酒，茶杯在前面。香炉里面需插两双筷子，以让死去的人接收到供奉，两侧还有金银纸花。❷通过以上仪式，在精神层面让香火延续下去（图2.16、图2.17）。

图 2.16　昇平庄的日常供奉　　　　图 2.17　孟焕庄供奉的牌位

5. 修缮传承

庄寨的修缮并非易事，需要族人的同意、资金的资助、技术的支撑等各方面的配合（图2.18）。庄寨的房屋属于不同的族人，有的族人会因为种种原

---

❶ 来自爱荆庄族人鲍道龙、鲍道鉴的访谈。

❷ 来自昇平庄族人鄢守德的访谈。

因反对修缮，这时就需要庄寨理事会及其他族人耐心地劝说，一般会告诉反对者庄寨是祖宗留下的遗产，不能在这一辈人手中衰败。另外，庄寨的房间属于个人的私宅，但是厅堂是公共的，因此如果面临反对，多数庄寨会选择修缮厅堂，其他部分则视具体情况而定。

图 2.18　容就庄理事会讨论修缮事宜

注：图片由黄修基提供

庄寨修缮的过程就是族人情感再凝聚的过程。修缮前的思想准备促使族人回顾自身的历史。在修缮的筹划讨论、募款筹物、修缮施工等过程中，召集族人开会商议、公布花销等一系列事项都将族人的视野拉回庄寨，特别是唤醒年轻人开始重新审视庄寨、祖先、传统文化对于他们的价值与意义。可以说，庄寨修缮是一次传统文化唤醒活动，促使族人们在快速城镇化的时代重新关注乡村中的庄寨，找回潜藏着的精神价值。

（二）传承文化与滋养人心的养分

文化的传承与延续是中华民族生生不息的原动力。教化作为家文化的重要组成部分，在文化传承的过程中发挥了关键作用。依赖师承哲理获得的能力，通过文字的传播来改变时俗，称为"教化"。[1]有学者将家族的教化（教

---

[1]　科大卫，刘志伟.宗族与地方社会的国家认同——明清华南地区宗族发展的意识形态基础 [J]. 历史研究，2000（3）：3-14，189.

养）归纳为宗教、礼教、耕教、文教❶，可以看出，广义的教化不仅包括知识的教育，还包括道德与行为的规范、礼仪的教导等诸多方面。

古代的教化是"礼"（行为规范）内化于心的过程，在政治、道德、文化教育等方面具有重要影响，在维护封建政治统治、传播思想观念、维系文化传承等多方面发挥了重要作用。其中，比较具有代表性的论述包括《战国策·卫策》，"治无小，乱无大，教化喻于民，三百（里）之城，足以为治；民无廉耻，虽有十左氏，将何以用之"；《诗经·毛诗序》有云，"经夫妇，成孝敬，厚人伦，美教化，移风俗"；《盐铁论·授时》有云，"是以王者设庠序，明教化，以防道其民"。这些论述从政治、道德、教育等多个层面阐释了教化在古代的重要作用。

随着中华人民共和国成立、改革开放等一系列重大历史事件的发生，我国的经济模式、社会形态发生巨大改变，传统文化受到很大影响。历史上教化的方式与内容经过批判性吸收，继续发挥着一定的影响。改革开放以来，巨大的社会变化从城乡关系、社会分工、经济产业形势等多方面对乡村产生了深刻的影响。社会人口流动与生活方式多样化使得乡村正突破原本封闭的格局，丰富的生活和多重角色正瓦解着礼俗的基础，使村民的经济、政治、文化观念日渐更新。面对当前的社会现状，教化在当代社会还能发挥什么样的作用呢？

教化的根本作用在于从源头上修养人心。教化的发生过程是内化的，从个人与家庭教化开始；教化的最终目的是外向的，从个人内心的自我修养到为国家与社会服务。《大学·大学之道篇》有云："古之欲明明德于天下者，先治其国；欲治其国者，先齐其家；欲齐其家者，先修其身；欲修其身者，先正其心；欲正其心者，先诚其意；欲诚其意者，先致其知，致知在格物。"由此可知，教化的影响是分层级的。对个人来说，教化就是要修身，从源头上修养人心；对家庭而言，教化应做到齐家，即家庭和睦；对于社会、国家，则是通过教化以期实现治国、平天下的目的。

家是教化的起点，家文化是最初的教化体系，父母是教化的最初引导者。通过教化，永泰庄寨的家文化渗入每一个族人的心中，变成滋养人心的养分，

---

❶ 王沪宁. 当代中国村落家族文化——对中国社会现代化的一项探索 [M]. 上海：上海人民出版社，1991：134.

在潜移默化中传承优秀的传统文化。

1. 鼓励教育

教育是最重要的教化手段，塑造人们共同的精神内核。传统社会以儒家思想为主导，特别是在隋唐以后，儒家的教化思想伴随科举制度的建立、巩固和完善而不断发展并兴盛❶。从中央到地方，政府积极建立文庙、孔庙推行儒学，鼓励以书院、学堂教育的方式推行教化。无论是国子监这种官方学府，还是各地开办的私人书院，抑或城乡间聘请先生的私塾，都是通过教育来扩大教化的影响的。

在永泰乡间，许多家族聘请先生，在庄寨内部或者周边的建筑中开办私塾。例如，容就庄后座二楼厅及庄外的牛角楼曾经作为学堂；爱荆庄正面走马廊的二楼即书院厅，曾有美国人在此教书，晚上作为女子夜校❷；和城寨的文武私塾都设在下落的二层处❸；容就庄后座二层曾经作为私塾，后来搬迁至容就庄附近的牛角楼二层（图 2.19）❹。据白云乡麟峰黄氏 80 余岁的黄修朗老先生讲述，白云乡及黄氏家族注重教育，自从明中期以来，白云乡的文化气氛就非常浓厚，设有曰及堂、玉兰堂、梅花书屋、冻井三房、凌苍楼等作为藏书、文化教习的场所。❺

教育会影响人的一生，在人的思想、行为等方面打下深深的烙印。在霞拔乡下园村，78 岁的南阳黄氏黄克煌老先生 7 岁时在容就庄后座二楼书院启蒙读书。幼儿入学的第一天要进行开蒙礼，由长辈带着在此拜孔子。每天上课前第一件事就是给张贴在太师壁上的孔子像行礼，背诵"孔子孔子，大哉孔子！孔子之前既无孔子，孔子之后又无孔子！孔子孔子，大哉孔子！"。前些年，孔子画像与供奉香炉被盗。在恢复书院布置、补配孔子像与香炉时，大家感觉画像下面缺了点儿什么，好像是几行字。黄克煌老先生回忆起那几行文字就是小时候每天都要背诵的句子，于是在画像下面补全了这句话（图 2.20）。经过 70 余年，小时候受教育的内容依然牢记心中。

---

❶ 刘华荣. 儒家教化思想研究 [D]. 兰州：兰州大学，2014.
❷ 来自爱荆庄族人鲍道龙的访谈。
❸ 来自和城寨族人林义钢的访谈。
❹ 来自容就庄族人黄克煌的访谈。
❺ 来自竹头寨族人黄修朗的访谈。

图 2.19 容就庄外的牛角楼学堂　　图 2.20 容就庄学堂中的孔子像

　　为了保障教育的顺利开展，家族会将一部分共有的田产用于资助教育。在永泰，这种资助教育的田产称为书灯田。书灯田在分家时会单独开列，不会分给某一家，而由族人共同享有、监督。在龙镜庄的分家阄书中对书灯田做出了明确规定（图 2.21）。

　　调研中还发现了南阳黄氏后人光绪二十七年的书灯田契约（图 2.22），上面记载了黄豪有及其后人的四块书灯田，明确记载了这些书灯田的位置、原主人、交易次数及历次交易的契约，并写明书灯田契约由福房收纳。现将契约中的文字记录如下：

 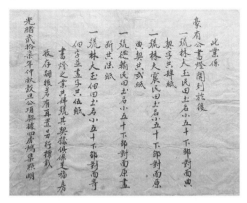

图 2.21 龙镜庄阄书中的书灯田记录　　图 2.22 光绪二十七年关于书灯田的契约

此业系

豪有公书灯开列于后

一号林大玉民田土名小五十下邹对面典契字共四纸

一号林大震民田土名小五十下邹对面原典契共二纸

一号德翰民田土名小五十下邹对面原尽断共六纸

一号林大玉佃田土名小五十下邹对面寄佃字并尽字共五纸

书灯之业共四号其契据俱系是福房收存嗣后若有再置另行标载

光绪二十七年仲秋谷旦公项契据四房鸠集点明

助学的传统由过去一直传承到现在。下园村黄氏族人联合其他人共同建立了"下园村敬老助学基金会",在一定范围内承担起敬老与助学的责任。基金会成立十余年来,共收到捐款120万元,已经奖励、资助了78名学生(表2.1)。目前持续有人捐款,基金金额不断增长。下园村助学敬老基金会助学基金发放标准如下:

1)录取本科(二)批次奖励1000元。

2)录取本科(一)批次奖励2000元。

3)录取"211"或"985"重点大学奖励3000元。

4)考取硕士研究生奖励10000元。

5)考取博士研究生及以上奖励30000元。

表 2.1 下园村助学敬老基金会 2009—2018 年发放给奖学金的人数

年度(年)	本科(一)批次人数(人)	本科(二)批次人数(人)	其他人数(人)
2009	2	3	无
2010	2	4	无
2011	4	5	无
2012	2	2	无
2013	4	4	无
2014	4	5	无
2015	3	8	无
2016	3	7	无
2017	3	3	无
2018	5	4	博士生 1 人

2. 传承家风

家风、家教、家训是教育族人遵守行为规范的依据,可以通过润物无声的方式滋养人心，逐渐影响社会，移风易俗。家风和家教是紧密相连的，家风本身就是一种潜移默化、耳濡目染式的家教；家教是家风的传承方式，本身也是一种家风。❶

庄寨中的楹联、匾额是教化、提醒晚辈的工具，传达着先辈们的谆谆教导。例如，容就庄正厅的楹联，上联是"修其孝弟（悌）忠信"，下联是"教以礼乐诗书"，教导晚辈要以教化修身（图2.23）。又如竹头寨中的楹联，"两世积俭勤愿子子孙孙勿忘先业，一朝新甲第庶绵绵奕奕长庇后人"，以及"两世积俭勤，一朝新甲第"，正是黄试有、黄萃容两位先祖的写照。大厦之成，非一夜暴富，而在年积月累、点滴绵延之中。❷一些庄寨会在门、墙等部位雕刻朱文公格言等教育后人的话语，勉励后人勤奋学习、宽厚待人（图2.24）。

图 2.23　容就庄正厅楹联

庄寨本身就是一个教育族人的地方。通过空间的布局、结构，强化家族的集体观念、礼制观念等，起到潜移默化的教化作用。各类装饰也可以发挥教化作用，传递美好的期盼。在识字率较低的古代，通过直观的图案表达，辅以他人的讲解，让更多的人接受教化（图2.25、图2.26）。

---

❶ 刘艳军，刘晓青.基于传统家训文化视角的现代乡村治理与农民社会主义核心价值观培育研究[M].北京：光明日报出版社，2016：32.

❷ 来自现场调研及徐寅生提供的《竹头寨，楹联教化，家风传承》文档。

图 2.24 福隆居公婆龛上镌刻着《朱文公家训》

图 2.25 雨埂墙上的彩绘

图 2.26 木雕装饰

二、家国天下：永泰庄寨的国家意义

家是文明传承的载体，也是社会稳定而有序的基本单位。中华文明有重视家庭观念的悠久传统，中国传统家文化在乡土社会的基础之上产生。每个国家和民族都有各自的家文化，但是只有中国的家文化在全部的传统文化中居于核心地位。[1] 中国的家族制度在全部文化中所处地位之重要和根深蒂固是世界闻名的。[2]"保护中华民族的唯一障壁是家族制度，这制度支持力之坚固恐怕

---

❶ 储小平 . 中国"家文化"泛化的机制与文化资本 [J]. 学术研究，2003（11）：15-19.
❷ 梁漱溟 . 中国文化要义 [M]. 上海：上海人民出版社，2011：17.

万里长城也比不上。"❶

"多元一体"格局是中华民族的基本特征。❷具体来说，"一体"是指中华民族作为一个不可分割的整体，具有共性；"多元"代表各民族具有多样性的特征，应当互相承认各自的文化自主性。永泰庄寨中所蕴含的家文化既是福建自然环境与历史发展共同塑造出的地域性文化，又是中华文化的多元组成部分之一。天下之本在国，国之本在家。❸在当下讨论永泰庄寨家文化的国家意义，就是从"家"这个社会基本单位出发，形成最初的家族文化认同，通过教化的作用与长期的文化熏陶，凝练、升华成家国情怀等具有强大凝聚力的中华民族共同的文化意识与文化认同。

（一）家国天下的文化认同

中国传统文化中，在"修身、齐家、治国、平天下"的理念引导下形成了"个体—家庭（族）—国家—天下"的基本逻辑框架。家是个体与国家之间的纽带，也是串联起"我"与"国"关系的社会体系。传统中国的认同是以自我为中心，由内而外，逐渐外推，"我"也就成为整个世界和家国关系中有机的一部分。❹个体是家的组成部分，家是国的组成部分，在国的基础上还有更宏大的"天下"，这就是传统社会中中国人普遍认同的"家国天下"的世界观与价值观。

"家国天下"的文化认同是在长期的社会发展中积淀而成的。文化认同首先是文化身份认同，即对于"我是谁""我从哪里来"等问题的回答。中国历史上有过数次大规模的人口迁移。人口的流动并没有让中国传统文化失去光芒，而是经过交流与碰撞，迸发出多样性的色彩。究其原因，在于迁移中以家为单位，将祖先来源与中原地区联系起来，把区域族群文化与中华文化的正统性联系起来，从而证明自身的正统性与合法性。这种文化创造与其说是血缘的

---

❶ 稻叶君山.中国社会文化之特质 [M]// 梁漱溟.中国文化要义.上海：上海人民出版社，2011：39.
❷ 费孝通.中华民族多元一体格局 [M].北京：中央民族大学出版社，2018.
❸ 杨伯峻.孟子译注 [M].北京：中华书局，1960：167.
❹ 许纪霖.家国天下：现代中国的个人、国家与世界认同 [M].上海：上海人民出版社，2017：473.

认同，不如说是文化上的认同。❶这种文化烙印深深地印刻在家庭（族）成员的心头，成为精神意义上的方向感与归属感。❷

"家国天下"的文化认同强调包容性。中国的文明传统不是民族主义，而是天下主义。❸费孝通先生有句名言："各美其美，美人之美，美美与共，天下大同。"这句话从"天下"的宏观视角阐明了文化认同的特质在于多样性与和谐包容，这种和谐包容正是形成中华民族一体多元格局的必要条件。"天下"即以共有的文化认同为核心，不同的个体与家庭（族）可以在其中保留多样性的特征而并存。

"家国天下"的文化认同是通过国家、家庭（族）对个体施以教化而逐渐实现的。文化的积淀、发展具有历史的连续性❹，罗马不是一日建成的，文化认同也不是一日形成的。通过教化，在个体的心中逐渐形成两个层面的认同：第一个层面是个体对家庭（族）的认同，这是文化认同的基础部分；第二个层面是对中华传统文化中优秀思想观念、人文精神、道德规范的认同，这是形成中华民族文化认同的必要条件。中国人的家文化通过教化的手段，将家庭中的伦理规范作为基点，泛化到治理社会、管理国家乃至一切社会思想和行为❺，塑造出一种共同的精神内核——文化认同，最终实现社会和合的期许。

"家国天下"的文化认同较好地体现在永泰的家文化中。张元幹、黄龟年等是永泰张氏、黄氏等家族中涌现出的杰出代表，他们的人生经历正是这种思想情怀的注脚。张元幹是我国著名的爱国诗（词）人，出生于仕宦家庭，家学渊源深厚❻，深受传统家文化熏陶，具有强烈的家国情怀。他年轻时便负有盛名，词风多变，北宋末期词作风格以清丽婉转为主，南渡以后则"成为写作爱国词的先导"。❼

❶ 刘大可. 固始传说与闽台民众的文化认同 [J]. 台湾研究，2018（4）：53-64.

❷ 张恒军，吴秀峰."一带一路"视域下中华文化认同的内涵、原则和策略 [J]. 出版发行研究，2019（1）：10-15.

❸ 许纪霖. 家国天下：现代中国的个人、国家与世界认同 [M]. 上海：上海人民出版社，2017：438.

❹ 卫灵. 增强中华文化认同缘何重要 [J]. 人民论坛，2019（7）：130-132.

❺ 董向慧. 中国人的"五伦"与家文化 [N]. 今晚报，2016-01-08（16）.

❻ 张仲英，郭艳华. 两宋剧变对张元幹思想和词风的影响 [J]. 赤峰学院学报（汉文哲学社会科学版），2011（9）：130-132.

❼ 陶尔夫，刘敬圻. 南宋词史 [M]. 哈尔滨：黑龙江人民出版社，2005：21.

　　敦宗睦族、尊宗敬祖是形成家族文化认同的重要手段。张元幹于宣和元年（公元 1119 年）离开京城返回永泰，发现了熙宁八年（公元 1075 年）其祖父张肩孟与福州福清县幽岩寺行者启通等人共同签押的一张字据，内容是购买田地，将逐年收益舍入幽岩寺，托付张九娘每年代为祭奠其亡故的岳父母与夫人刘氏。于是，张元幹寻访多年无人祭拜的曾外祖刘氏翁媪及祖母刘氏之坟茔，洒扫祭祀，并作《祭祖母彭城郡夫人刘氏墓文》。在永泰期间，张元幹为家族做了很多事情：修缮祖父在村落中的旧居，供奉祭祀，使得远近知晓先祖的"文靖公宅"；迁葬伯父，使风水有利于伯父的后代子孙；修缮并凭吊姨母的坟茔等。在这之后，张元幹希望祖先的手迹、思想能够世代相传，并将自身尊宗敬祖的行为作为后世子孙的示范，于是他将事情的经过整理成名为《幽岩尊祖事实》的一组文章，利用交际圈征集题跋，引起热烈反响。经过李纲、汪藻、苏迨等 33 人题跋，留下 30 份题词。❶后来，文章与题跋由张元幹的儿子收藏，张元幹的孙子张钦将其付梓刊印。

　　在这个过程中可以看到家文化在两个方面的影响。其一，从祖上买田立庄，到张元幹祭祖、写文，再到张元幹之孙刊印，可以发现传承家文化已经成为一种文化自觉，后代子孙以前代先祖为榜样，追远敬祖，形成以家文化为核心的文化认同。这种文化的认同历经时间的洗礼，为后世形成强大的凝聚力提供了精神基础。直到当下，在家文化的感召下，张元幹的后代子孙于 2019 年 11 月 23 日在永泰月洲张氏祖祠举行"重修落成祭告宗祖仪式暨庆典大会"（图 2.27），延续着张氏祖先"安身立命的梦、奋发进取的梦、家国情怀的梦"。❷家文化在历经千年的传承后为文化认同提供了充足的养分，影响了一代又一代人。

　　其二，张元幹请名仕故交题写题跋得到热烈响应，并被给予高度的评价，充分反映出当时的社会已经将家文化视作主流的文化认同。在这样的评价体系中，家风不修、小节有亏的人能否坚守道德操行、忧国奉公是很可怀疑的。❸家与国是统一的整体，以家的成员作为基本身份的构建与归属，组成国家共同

---

　　❶　陈元锋.张元幹"幽岩尊祖"的文化记忆与文学叙事[J].新宋学，2016（00）：81-96.

　　❷　张培奋.月洲四梦，梦纵古今[EB/OL].（2019-11-24）[2019-11-30].https://mp.weixin.qq.com/s/zOBT4Jr Ul1MCsz1Epm2ktA.

　　❸　同❶.

图 2.27 在月洲张氏祖祠举办仪式

注：图片由鄢朝辉、赖泽樟拍摄，由张培奋提供

的文化归属，反映出以"家文化"为核心的共同体意识，并成为一个民族的身份识别和情感依托❶，成为民族的一种象征和精神。

爱国是"家国天下"情怀的重要表现。除了在家族内部的身份，张元幹还是一位著名的诗（词）人。面对金兵威胁、秦桧当政的局面，张元幹再次致仕归乡。南宋高宗绍兴八年（公元 1138 年），张元幹写了一阕《贺新郎》赠予反对议和而被罢官的李纲：

贺新郎·寄李伯纪丞相

曳杖危楼去。斗垂天、沧波万顷，月流烟渚。扫尽浮云风不定，未放扁舟夜渡。宿雁落、寒芦深处。怅望关河空吊影，正人间、鼻息鸣鼍鼓。谁伴我，醉中舞？

十年一梦扬州路。倚高寒、愁生故国，气吞骄虏。要斩楼兰三尺剑，遗恨琵琶旧语。谩暗涩、铜华尘土。唤取谪仙平章看，过苕溪、尚许垂纶否？风浩荡，欲飞举。

这首词以慷慨悲凉、激昂悲壮的语调❷声援李纲、反对议和，将自己的命运和国家联系在一起，抒发出"吞骄虏""斩楼兰"的豪情。"风浩荡，欲飞举"表现出对平定外患的豪迈期许。后来，张元幹又为好友胡铨写了一阕《贺新郎》和两首诗，为其送行。❸

---

❶ 卫灵.增强中华文化认同缘何重要 [J].人民论坛，2019（7）：130-132.

❷ 钟伟兰.浅论张元幹爱国主义诗词的艺术审美特质 [J].福建论坛（人文社会科学版），2006（S1）：166-167.

❸ 柯新建.张元幹与他的代表作《贺新郎》[M]// 永泰县政协文史资料编辑室.永泰文史资料（第二辑）.内部资料，1985：23-24.

贺新郎·送胡邦衡待制赴新州

梦绕神州路。怅秋风、连营画角，故宫离黍。底事昆仑倾砥柱，九地黄流乱注。聚万落、千村狐兔。天意从来高难问，况人情老易悲难诉。更南浦，送君去。

凉生岸柳催残暑。耿斜河，疏星残月，断云微度。万里江山知何处？回首对床夜语。雁不到，书成谁与？目尽青天怀今古，肯儿曹恩怨相尔汝！举大白，听《金缕》。

这首词表现出他对神州失地的怀念，对故都汴京成为废墟、长满禾黍的悲叹。在词中，张元幹感叹中原人民流离失所、家破人亡，表达出悲天悯人的胸怀，也通过送别友人的悲伤质问直指皇帝❶，抒发出对一味妥协、投降的不满。张元幹也因这两阕词而触怒皇帝和秦桧，被捕下狱，直到秦桧死后才出狱。

家国天下的文化认同除了以文学作品等方式呈现，有时还会以与反面人物激烈斗争的形式呈现。黄龟年四次上书，以激烈的言辞弹劾秦桧，即是其家国情怀最好的明证。黄龟年（公元1083—1145年），字德邵，北宋元丰六年出生于永泰县城关北门虹井街黄厝❷，是虎丘黄氏的后人。他从小受到家庭的教育，勤奋好学，崇宁五年（公元1106年）进士及第，担任洺州司理参军，而后任河北西路提举，再担任太常博士；靖康元年（公元1126年），改任吏部员外郎，拜监察御史；绍兴二年（公元1132年），改任中书门下省检正诸房公事，充修政局检讨官❸。

绍兴元年（公元1131年）秦桧担任宰相，时任监察御史的黄龟年直言批驳秦桧的投降政策。绍兴二年黄龟年愤然写下《劾秦桧疏》❹，文章开篇指出"辅政之道曰公，而宰相之罪莫大于徇私"，直指公与私的差别就是国家大义与徇私枉法的差别，而后表明宰相徇私的危害，进而指出秦桧及其党羽"附下罔上之党盛，而威福之柄下移，祸有不可胜言者"，会给国家带来极大的危害。文章第二段则历数秦桧从金国归来后不到一年就担任宰相，却只顾一己之

❶ 吴卉.张元幹词中的宋文化情结[J].黑龙江史志，2010（22）：52-54.

❷ 许文华.四劾秦桧的黄龟年[N].福建日报，2015-03-21.

❸ 陈名实，王炳庆.黄龟年免官后的活动探究[J].福建史志，2008（6）：39-40，34.

❹ 王绍沂.永泰县志[M].北京：新华出版社，1987.

私，秦桧的党羽在金兵临城时还亲自往来迎接等罪状。最后，直指秦桧"欺君私己"，理应罢黜。秦桧罢相以后仍然担任重要职务。黄龟年又向高宗上第二疏、第三疏，让秦桧的行为与阴谋暴露在光天化日之下❶，进而罢官。在这之后，为了彻底从理论和现实层面揭开秦桧的恶行，黄龟年第四次上疏，请求高宗颁发明诏，公布秦桧的罪行，但未被采纳。这一系列与秦桧的斗争展现出黄龟年以国家兴衰为己任的家国情怀。绍兴八年（公元1138年），秦桧再次担任右相，其党羽诬陷黄龟年，导致其落职罢官，最终病逝于家乡。❷后来，文天祥在抗元督师南剑州的途中前往永泰白云乡拜访黄敬所（黄雍），动员共同抗元。文天祥在为虎丘黄氏撰写的《虎邱黄氏世宦谱序》中对黄龟年给予了高度评价，认同他"奏章与日月争光❸"，从另一个侧面表明家国情怀是中华民族共通的情感，流传至今依然闪耀着光芒。

"家国天下"的思想情怀超越了某个单一族群、地域的范畴，逐渐沉淀，形成了中国人独特的文化认同，是思想历史上经过时间的选择而存留下来的集体精神成果。

（二）现代社会治理的重要补充

中国传统社会的统治体制可以分为"公"与"私"两大系统，即国家和乡族的双重统治。❹由于治理能力、治理成本的限制，封建的中央集权国家难以直接对乡村有效管理时，通常会通过家族的形式实行间接管理。家族并非唯一的社会组织，但却是最基本的社会组织。因此，家族在乡村中的作用逐渐增大，乡村社会自治化的程度逐渐提高。在福建地区，最迟自明中期以后，家族组织已直接与里甲制度相结合，演变为基层政权组织。❺

明清时期，在基层自治化的背景下，家族也得到了发展。为了有效满足封建统治者赋税、徭役等要求，家族的管理体系不断强化。家族以血缘与地缘为纽带，通过宗谱、宗祠、族田、族规、族长等文化符号、经济手段、民间法来巩固宗族自治的地位，呈现出族权仅次于政权、族权与政权互补互用的

---

❶ 黄义豪. 评黄龟年四劾秦桧 [J]. 福建论坛（人文社会科学版），1997（3）：26-28.

❷ 林精华，林仁罗. 文天祥与福建永泰《虎邱黄氏世宦谱序》[J]. 文史知识，1995（4）：126-127.

❸ 同❶.

❹ 郑振满. 明清福建家族组织与社会变迁 [M]. 北京：中国人民大学出版社，2009：183.

❺ 同❹.

现象。❶

中华人民共和国成立以来在诸多方面取得了一系列的成就，在乡村社会治理方面也不例外。随着基层政权的逐步建立，家族的政治管理功能逐渐消失；为了保障人民权利，家族成员的人身依附关系被打破，家法、私刑等在法律上被禁止；通过树立社会主义的价值观念，传统家族中的封建思想糟粕被清除、抛弃。改革开放以后，我国社会政治经济等诸多方面发生巨大改变，乡村中的家族逐渐向现代社会过渡，其群体性质由血缘性转向社会性，居住方式由聚居性转向流动性，组织结构由等级性转向平等性，调节手段由礼俗性转向法制性，经济形式由农耕性转向工业性，资源渠道由自给性转向交易性，生活方式由封闭性转向开放性，历史由稳定性转向创新性。❷ 这个变革的过程深刻地影响了家族成员的思想观念与行为选择。快速城镇化、工业化、市场化引起的人口大规模流动与生产生活方式的改变打破了费孝通先生在《乡土中国》一书中所描绘的那种"历世不移的""熟人社会"，人生不再是"同一方式的反复重演"，个别人的经验也不再"等于世代的经验"。家族不得不思考，他们在当代社会应该处于什么样的地位，可以发挥怎样的作用。

家文化是在家族传承中经过时间考验，具有突出价值的思想观念、人文精神、道德规范。永泰在以家文化促进乡村社会治理方面进行了卓有成效的尝试。当代永泰的家文化主要发挥着两项功能：一是通过教化梳理"孝弟""慈爱""友恭"等传统观念，在基层塑造"礼治"社会，促进形成文化认同；二是通过文化凝聚族人，从另一个角度激活乡村社会的末端治理，发挥政府与村"两委"难以直接实现的职能。

1949年，我国城镇化率为10.64%❸，我国人口大多生活在乡村，村级党组织等基层社会治理组织拥有较高的威望，可以对乡村实现有效治理。改革开放以后，城镇化进程加快，大量人口离开乡村，前往城市工作、生活。在中华人民共和国成立后的 70 年间，城镇化率增长了48.94%，到 2018 年我国城镇

---

❶ 甘满堂.福建宗祠文化的当代社会价值与提升路径 [J].东南学术，2019（4）：110-117.

❷ 王沪宁.当代中国村落家族文化——对中国社会现代化的一项探索 [M].上海：上海人民出版社，1991：211-213.

❸ 国家统计局.中国统计年鉴—2018 年 [EB/OL].（2018-10-24）[2019-10-15]. http：//www. stats.gov.cn/tjsj/ndsj/2018/indexch. htm.

化率达到 59.58%（图 2.28）。● 国家道路交通与基础设施的建设为乡村带来了
重大变化，在改善人民生活条件的同时也引发了人口、资源等要素的大规模流
动。许多村民特别是年轻一代的村民定居在城市中，乡村的基层政府、村两委
不易对其产生影响，也很难将定居城市的人们的目光拉回乡村。

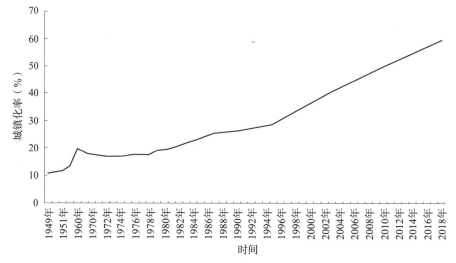

图 2.28　1949—2018 年我国城镇化率的变化

注：依照国家统计局数据绘制

　　家文化则可以发挥城乡纽带的作用。人们可以在地理位置上离开乡村，
却无法割断与乡村中家族的血脉联系。中国的家是一个事业组织，不论在大小
上差别达到多大程度，结构原则上却是一贯的、单系的差序格局。● 在传统社
会，乡村的许多基础设施是由家族组织建设的，家族中的官员、乡绅、富户等
承担一部分建设资金。当下，虽然政府为乡村建设投入了大量资金，但是面对
广大的乡村地域，这些资金还相对不足，对保护级别较低的文化遗产的投入还
有待提升。永泰庄寨的保护修缮就是很好的例子。永泰庄寨的产权属于家族中
的个人，但是其文化价值属于全社会。较之于 152 座庄寨，列入保护名录的庄
寨仍属于少部分，国家也不可能对全部的庄寨投资保护。因此，家族引导族人

　　● 国家统计局.城镇化水平不断提升　城市发展阔步前进——新中国成立 70 周年经济社会发
展成就系列报告之十七 [EB/OL]．（2019-08-15）[2019-10-15]．http：//www.stats.gov.cn/tjsj/zxfb/201908/
t20190815_1691416.html.

　　❷ 费孝通.乡土中国 [M].上海：上海人民出版社，2006：34-35.

捐资捐物修缮庄寨，不仅是在家文化的引导下再次塑造家族凝聚力的过程，还形成了政府投资与引导、家族实际管理的文化遗产保护工作范式。

三、研究路径：基于核心价值的庄寨保护

通过以上的研究可知，永泰庄寨是家族重要的家园，凝聚着家族的精神。近年来，面对破败的庄寨、倒塌的房屋及老旧的环境，作为庄寨产权所有人的族人们成立了庄寨理事会，组织、推动、参与庄寨的修缮。但是，由于修缮的技术不规范、修缮材料使用不恰当等，对庄寨价值造成了损害。

永泰是传统的建筑之乡，建筑行业至今仍是永泰县的支柱产业。永泰的传统建筑技术高超，但是却不得不面临着传统工匠逐渐老去、传统工艺濒临失传的现实。为了传承工艺、避免不当修缮造成的庄寨价值损害，研究团队2016—2019年多次前往永泰乡间，共进行田野调查80余天，走访了上百座庄寨、大厝，访谈百余人，其中工匠有20余人，深度认知了庄寨的价值；在价值认知、传统工艺研究的基础上，编制了《永泰庄寨保护修缮导则》，指导庄寨的保护修缮。在《导则》编制过程中，注重实用性，以手绘图为主，辅以文字、照片说明，让工匠和村民都能够看得懂、用得上。《导则》编制完成后，请工匠评审，听取工匠的意见，反复修改表达方式与内容，以工匠能够看着《导则》复述内容为标准，增强学界与工匠的双向互动。

（一）深入田野，认知价值

永泰庄寨是永泰先民在长期的生产生活过程中形成的智慧结晶，承载并传承着永泰人的文化传统、精神信仰、传统工艺等。因此，研究团队深入永泰乡间，深入每一座庄寨中，同庄寨中上至八秩老人下至总角孩童交流、访谈，感悟不同人群对庄寨价值的思考。在村落中，到传统工匠的家中登门求教，请工匠带领团队走访具有代表性的庄寨，现场讲解庄寨的地域性特征构造与建造仪式；到庄寨修缮施工的现场，请工匠展示永泰本土的技艺与庄寨重要节点的构造。在永泰乡间调研过程中，逐步深化对永泰庄寨核心价值的认知，加强对永泰庄寨传统建造工艺的理解，是对永泰庄寨实现从价值认知到保护实践的第一步。

1. 以村民为对象，探析庄寨的精神价值

长期以来，以家族为单位的聚居形式造就了永泰庄寨的空间形态特征，庄寨的空间形态也反过来作用于家族成员，影响其族群观念，这是人的观念与空间特征互相影响的结果。随着时代的变迁，很多族人逐渐搬离庄寨，或在周边另建新居，或搬至县城、乡镇，或搬至福州、厦门及省外，很多庄寨不得不面对只有少量老人居住的现实。

在庄寨建立者的后人中，有至今仍生活在庄寨中的老人，有在庄寨中生活了大半辈子后被子女接去城市养老的人，有出生在庄寨外出务工的中年人，也有很少回来的年轻人和孩童，他们都是庄寨的主人。庄寨对这些不同年龄、不同身份、不同经历的人有什么价值？他们又是如何看待庄寨的？这一系列问题，只有走到他们身边，才能找到答案。

通过田野调查，研究团队对永泰的不同人群展开了深入访谈（图2.29），剖析庄寨对家族的价值，以及这些价值如何延续与影响下一代。通过访谈，分析不同历史时期庄寨在情感寄托、支持族人的信仰与精神需求、作为婚礼和祭祀仪式的场所等方面的社会功能，关注随着社会变化族人对庄寨价值认知的传承与改变，进而形成了以家文化为核心的永泰庄寨价值认知研究成果。

图 2.29　团队在庄寨中对村民进行访谈

2. 以工匠为对象，研究庄寨建筑与传统工艺的价值

永泰县是历史悠久的建筑之乡。对永泰庄寨建筑价值的认知从深入乡间寻访工匠、深挖"永泰工"传统工艺的价值开始，汇集民间营造智慧。工匠是永泰传统建造技术的传承者，分为多个专业领域，包括大木工匠、小木工匠、土石工匠、地理（风水）先生等，他们在选址、营造、装饰等不同方面发挥各自的专业特长。在多次的田野调查中，调研团队一共访谈了20余位传统工匠，

并在具有代表性的庄寨和修缮施工现场等实地踏勘，听取工匠讲解各项技术要点，手绘重要的技术节点，用实物或现场制作小模型分步骤地演示重要的结构构成。通过现场调查，结合各类文献中对永泰匠艺与建筑特征的记录，归纳永泰地域性匠艺特征，研判永泰传统技术中的工艺价值，为保护修缮提供技术依据，并在后续的保护修缮实践中加以体现。对工匠的调查主要包括以下三方面。

（1）工匠的经历、擅长的技术

目前永泰的传统工匠年龄偏大，平均年龄为 55~65 岁。访谈中年纪最大的鲍才坚师傅时年（2017 年）87 岁，他 16 岁开始学艺，师承永泰县同安镇的老木匠，出师后一直在同安镇工作，70 多岁后才停止执业。鲍才坚师傅对永泰建筑的传统名称比较熟悉，对修缮中涉及的传统做法比较了解。与鲍才坚师傅属同一宗族的鲍道龙师傅是爱荆庄修缮的技术总负责人，时年（2017 年）68 岁，17 岁起开始学习木工。自 2016 年爱荆庄开始修缮，鲍道龙师傅就承担起技术指导、施工监理、质量管理的工作，安排各类年轻工匠每日的工作，管理日常施工进度（图 2.30、图 2.31）。调查中发现，在一些庄寨修缮施工过程中老木匠扮演了重要角色。

图 2.30 鲍才坚师傅与鲍道龙师傅

图 2.31 陈步佃师傅在现场解释匠艺

在访谈中，鲍道龙师傅介绍了永泰木工班的构成：一个木工班一般十余人，分为三个档次。刚入门的学徒做杂活，1~2 年后做基础工作，3 年以后就能承担重要工作，其中比较聪明的徒弟则能够自立门户。在施工中有一正一副两个负责人，正负责人为总负责，副负责人为现场指挥和监工，其他大概十多个人进行配合。施工时，木作和土石泥瓦是同时进行的，需要相互协调（表 2.2）。❶

---

❶ 来自爱荆庄族人鲍道龙、鲍道鉴的访谈。

表 2.2　调查中访谈的永泰传统工匠名录

工种	传统工匠姓名
大木工匠	鲍道龙、陈步佃、鲍才坚、何进标、黄修理、黄修淡、张则雪、黄修灼、张学银、郑师傅（嵩口）等
小木工匠	鄢良斌、鄢守枫、张元森、黄昌锋、鲍道地、林乐生等
土石工匠	陈其煌、黄绍新、黄国端、张明防、赵令宝、鄢振斌、林进金等
地理先生	鲍道鉴等

（2）地域性建造与修缮技术

考察中对木作、瓦作、石作等当地工艺进行了全面调研和记录，以尽可能抢救地域传统工艺，尝试总结风土民居特征基质，为将来指导保护修缮工作奠定基础。通过走访当地掌握传统大木工艺的老木匠，记录下了永泰地区典型闽东风格样式的穿斗梁架构件的当地名称，用于日后的修缮，以此传承建造工艺；关注翘脊、脊饰、挂瓦风火墙等庄寨视觉形象元素，注重屋脊瓦作和灰塑工艺的整理记录。在现场除了采用文字记录、拍照等方式记录施工工艺流程与成果，还会采用现场快速手绘的方式记录该结构的内部构造（图 2.32、图 2.33）。❶

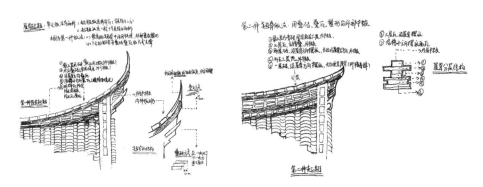

图 2.32　现场快速手绘的屋脊结构

❶　蔡宣皓，初松峰.基于匠艺普查的建筑遗产在地化使用研究——福建永泰庄寨自组织修缮控制导则的编制 [C].上海，建成遗产：一种城乡演进的文化驱动力，2017.

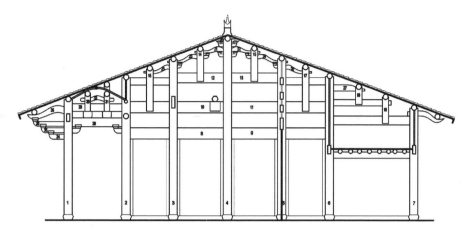

图 2.33 永泰嵩口镇陈步佃师傅总结的穿斗梁架构件及其名称 ❶

1. 前廊柱；2. 前门柱；3. 前付柱；4. 正柱；5. 后付柱；6. 后门柱；7. 后廊柱；8. 前付一川；

9. 后付一川；10. 前付二川；11. 后付二川；12. 前付三川；13. 后付三川；14. 前上付全；15. 后上付全；

16. 前上门全；17. 后上门全；18. 后上郎中；19. 后下郎中；20. 头巾全；21. 前上付插；22. 后上付插；

23. 前下付插；24. 后下付插；25. 前上门插；26. 后上门插；27. 后上郎插；28. 前廊一川；

29. 前廊二川；30. 前下郎中；31. 前上郎中；32. 前廊三川；33. 回水；34. 前廊下插；

35. 前廊中插；36. 前廊上插

（3）地域性建造与修缮选材

传统材料和传统工艺是相互依存的一体两面，保护修缮的效果离不开材料的选择。材料的选择直接影响修缮质量，不当的修缮材料会给庄寨建筑本体带来无形的威胁。在调研中，关注传统材料对庄寨保护和对庄寨审美价值的影响。在田野调查中，研究这些材料的使用方法，探寻这些材料生产、加工的场地、工艺等，分析这些传统材料在当今社会生产与获取的可行性、必要性，判断传统材料对庄寨价值的影响，在对传统材料的价值认知的基础上进行后续的保护修缮。

3. 以政府、经营者等为对象，探讨庄寨的社会价值

作为文化遗产的永泰庄寨，它的保护利用不可能只有家族单一方面的参与，还需要政府、社会多方共同努力。不同主体对庄寨的价值认知有所差异，因此在田野调查中，研究团队同永泰县和乡镇的相关领导、专家学者、外来经营者等进行了座谈，分析不同主体对庄寨的价值认知。

❶ 蔡宣皓，初松峰. 基于匠艺普查的建筑遗产在地化使用研究——福建永泰庄寨自组织修缮控制导则的编制 [C]. 上海，建成遗产：一种城乡演进的文化驱动力，2017.

（二）编制《导则》，指导保护

在认知庄寨价值的基础上编制《导则》（图 2.34），作为庄寨保护与修缮工作的技术和管理依据，指导庄寨的保护实践。

图 2.34 《导则》封面 ❶

在《导则》编制之初，研究团队清楚地意识到永泰庄寨建筑体量庞大、遗存数量较多、尚有许多庄寨未列入官方的保护名录，如果严格按照文物建筑修缮技术标准和"招标—设计—修缮"的流程，依靠政府资金、采用文物修缮技术标准修缮全部的庄寨是不现实的。加之当前城乡发展、人居方式等社会大环境的变化，庄寨不再以居住作为主要功能，其社会功能也随之变化。若不考虑现实条件与社会功能，片面强调保护修缮的技术标准，忽视当代人对庄寨的生活需求和精神需求，会导致修缮行为破坏庄寨的价值。

庄寨的保护修缮有一定的特殊性。与许多空置的历史建筑不同，一些庄寨虽然无人居住，但是到了特定的日子，族人会回到庄寨祭祀祖先。庄寨依然是现代社会中永泰人的精神纽带，也体现出权属关系。族人捐款捐物，聘请工匠，自发组织修缮。族人的价值观念、审美特征及工匠的技术能力不可避免地会影响整个修缮过程，也会对修缮的结果造成关键性影响。

---

❶ 此处的封面为原《导则》的封面。

当前，民间自发的修缮行为作为庄寨修缮的主要方式，难以全部按照文物修缮的高标准和要求。修缮中面面俱到的管理或事必躬亲的监督必然面临各方面的掣肘而无法落实展开。但是如果不加干预、放任自流，很多建筑本体承载着的建造工艺和文化意涵必将走向衰亡、消逝，最终建筑遗产本体也将丧失自我更新的依据和能力，其价值会被严重削弱。

《导则》正是在平衡遗产保护理念和方法与地方社会需求中产生的，强调基于庄寨的核心价值，辩证看待庄寨保护与修缮中价值载体的变与不变，推动保护实践。《导则》旨在合理引导族人自发修缮的力量，在《中华人民共和国文物保护法》等相关法律法规的要求和《古建筑保养维护操作规程》等技术标准的指引下，根据庄寨的核心价值、典型的永泰建造工艺、现状问题的紧迫程度等，编制一套实用性强的保护修缮规范，对自发修缮行为加以指导、规范。

《导则》一共分为六章。第一章是编制背景与目标，概述庄寨破损、不当修缮等问题。第二章是永泰庄寨的价值与特征，从平面格局、匠作系统、文化景观、人文精神等多个层面阐释庄寨的价值。第三章是永泰庄寨保护与修缮技术要求，是《导则》的核心内容，提出了对永泰庄寨分级分类的保护要求；将古建筑修缮的相关技术标准与永泰传统工艺相结合，采用手绘为主、照片文字为辅的方式直观地表现出庄寨保护修缮的技术要求；对修缮材料的选择与使用提出建议；同时，以照片的形式列举出使用不当的修缮材料与工艺。第四章是永泰庄寨保护修缮审批流程。第五章是永泰庄寨附属设备设施安装要求，旨在为修建庄寨厕所、给排水系统和添加防雷防火防盗设施等提供指引，改善人居环境。第六章是永泰庄寨的日常保养与维护，提出日常巡查与维护要点、庄寨清洗的方法等。

通过对庄寨的价值认知，识别庄寨保护的主要价值载体，包括：①体现祖先信仰与家文化、位于中轴线的厅堂空间；②由垒石夯土墙、角楼、跑马道等共同组成的最具代表性的防御体系；③代表地域性匠艺的大木体系、装饰、彩绘等工艺成果。

（三）看图说话，注重应用

《导则》的编制注重实用性，以修缮图纸的绘制为重点，尊重工匠的阅读习惯，采用手绘步骤分解图、手绘三维图等方式，辅以照片和口语化的说明文字等表达成果，确保信息传达简洁明了、清晰无误，让一线的修缮工匠看得懂、用得上，保证导则的指导意图能够得到最大程度的贯彻，真正落到实处。

"看图说话"是《导则》的一个主要特征，是以本地工匠与村民为中心的文化遗产保护方法的探索。在文化遗产价值认知与保护实践中，主体是谁是一个很关键的问题。庄寨的保护，特别是以族人为主体、聘请工匠参与修缮的庄寨保护离不开他们的参与。

下面对大木修缮工艺中巴掌榫墩接和抄手榫墩接工艺的表达方式进行比较，说明《导则》为了让更多的村民与工匠看懂图纸所采用的表达方式。祁英涛所著的《中国古代建筑的保护与维修》和黄雨三主编的《古建筑修缮·维护·营造新技术与古建筑图集》都对这两种墩接方式采用立面图加剖面图的建筑学方式进行表达，如图2.35和图2.36所示。但是传统工匠施工时使用篙尺，采用一套独特的传统符号系统，遵循传统建造工艺。他们中的大部分人没有接受过建筑学相关的教育，最主要的需求就是直观展示出一项技术的工艺流程。《导则》在绘图表达时将墩接的过程分解为五个步骤，逐一说明每个环节的要点，让工匠、村民都能够直观看懂墩接的具体流程与操作步骤（图2.37、图2.38）。

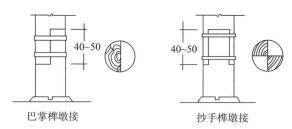

巴掌榫墩接　　　　　　　抄手榫墩接

图2.35 《中国古代建筑的保护与维修》中的墩接图示 ❶（单位：mm）

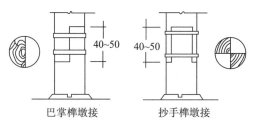

巴掌榫墩接　　　　　　　抄手榫墩接

图2.36 《古建筑修缮·维护·营造新技术与古建筑图集》中的

墩接图示 ❷（单位：mm）

❶ 祁英涛. 中国古代建筑的保护与维修 [M]. 北京：文物出版社，1986：47.

❷ 黄雨三. 古建筑修缮·维护·营造新技术与古建筑图集 [M]. 合肥：安徽文化音像出版社，2003：211.

例如，在某庄寨修缮中，对柱子进行墩接时当地工匠直接将糟朽部分锯断，替换成新的木料。锯断的断面是平整的，并未制作榫口，容易造成墩接的材料横向移动，危害结构安全。这是由于作为业主的族人和修缮的工匠不了解墩接工艺造成的。直观、清晰的手绘步骤图可以让不了解相关工艺的人重新审视修缮的过程，落实保护的要求。

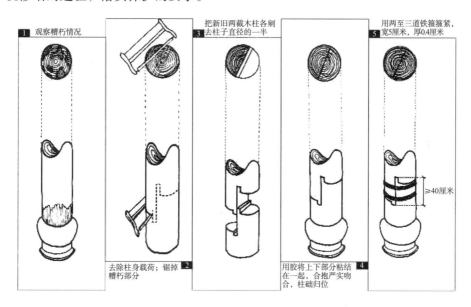

图 2.37 《导则》中巴掌榫施工的手绘步骤

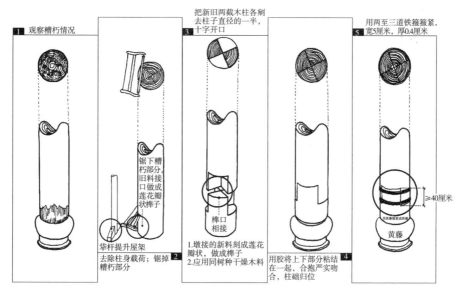

图 2.38 《导则》中抄手榫（莲花瓣榫）施工的手绘步骤

（四）携匠修编，双向互动

《导则》不是学术界对民间修缮高高在上、不顾实际的指挥，而是以国家相关技术规范和永泰传统工艺为基底，在编制过程中与工匠不断互动，逐步形成的成果。经过长时间的田野调查、工匠座谈与回访，在与工匠平等的交流中反复打磨修缮技术的每一条指导条文。这一过程中，向本土工匠普及文物修缮的原则和理念，实现学界与民间的良性互动。

1. 工匠作为主体举办《导则》的评审会

2017 年 6 月召开的《导则》编制中期评审会，除了邀请福建本地专家参与评审和指导外，还邀请了 10 名永泰本地工匠参加，涵盖了大木工匠、小木工匠、土石工匠等多个工种（图 2.39）。在评审会上听取了导则的初稿内容后，每一名工匠都作了发言，畅谈对《导则》中各项技术的意见，提出了"庄寨修缮中尽量在厅堂的屋顶使用老瓦，必要时可以将围屋等部位的老瓦用于厅堂屋面修缮""使用田地里腐殖质层以下的白土夯筑土墙效果更好"等建议，均在经过补充调查后列入《导则》的修缮规范之中。

图 2.39　以工匠为主体的《导则》评审会

2. 在修缮施工现场个别沟通、听取建议

除了采取正式会议的方式听取工匠意见外，还通过个别沟通的方式前往行动不便的老工匠家中、施工现场等场所，征询未能参会的传统工匠的意见，并逐页询问工匠是否能够看懂其中的每一项技术细节（图 2.40、图 2.41）。对于重要的修缮工艺，请工匠参照《导则》中的修缮方式加以复述。如果复述内容符合编制思路与技术要求，则该图纸予以保留；若复述内容与《导则》规定不同，则进一步询问是哪里看不懂，并有针对性地在后期加以修改。例如，大木工匠陈步佃师傅提及，"文本中应当在显眼的位置写上适用条件"；土石工匠提出，"修补夯土墙时，可以在墙裂的地方注入三合土，用于补缝。此时的三合土成分为黄土（最多20%）、白灰（40%）、沙（40%）"。这些均为《导则》的编制、排版等提供了指向性明确的建议。

图 2.40　在施工现场听取反馈意见　　图 2.41　在老工匠家中听取反馈意见

3. 按照工匠反馈意见不断完善图纸

在完成一轮较大的修改后，再次到施工现场、老工匠的家中，请老工匠们审读新的《导则》内容。通过与工匠的不断沟通，一次次地修改图纸，让《导则》更加符合地域性匠艺特征，也让更多的工匠能够理解、使用。

四、保护实践：《导则》编制思路与呈现方法

永泰庄寨的保护与发展过程中，认清庄寨价值仅仅是第一步，在这个基础上还要采取相应的保护与修缮办法。《导则》不仅是一本管理手册与技术规程，还进一步尝试从更为漫长的时空维度来理解庄寨的过去、现在和未来，审视庄寨的价值以及保护与发展的意义。庄寨不仅承载了地域风土建筑的营造特征、地方宗族发展的历史脉络，更是文化生态系统的有机组成部分。在这种系统性认识的基础上，通过《导则》采用更直观、形象的表达方式为庄寨保护与修缮实践提供依据。

（一）《导则》的编制思路

《导则》在编制过程中，确立从永泰庄寨核心价值出发，实现分级分类保

护，进而指导具体修缮工艺的编制思路，如图 2.42 所示。

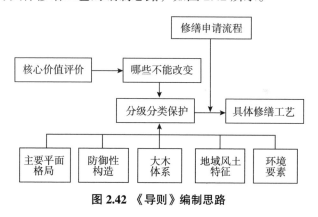

图 2.42 《导则》编制思路

1. 以核心价值评价为起点的《导则》编制思路

永泰庄寨的核心价值上文已有论述。《导则》从永泰庄寨作为文化遗产的价值出发，重点强调庄寨对村民的价值、建造与修缮庄寨的匠艺对当代社会的价值。

文化遗产的价值通过载体呈现。通过对永泰庄寨核心价值的认知，认定承载核心价值的载体，制订相应的价值载体保护管理要求，维护庄寨的核心价值。在这个过程中，最重要的一环是确定哪些载体的变化对庄寨的价值影响大，哪些载体的变化对庄寨的价值影响小，对产生不同影响的价值载体采用分级分类的方法管理。

从建筑的视角来看，庄寨的空间尺度较大，平面格局呈现出鲜明的轴线与秩序性特征，各空间的功能与结构丰富而明确。防御性构造是庄寨作为地域性防御式民居的重要标志，高大的垒石夯土墙、角楼等部分鲜明地展现出庄寨与本地其他民居的区别。大木体系体现出永泰工匠高超的建造工艺与传统建造智慧，是地域性建造技艺的直观反映。地域风土特征包括木雕、楹联、脊饰、雨埕墙等重点视觉要素，承载着永泰庄寨的教化、装饰等作用。环境要素则是庄寨所依存的山水林田等自然或人工改造的环境。

在保护修缮中，依据对庄寨价值载体的管理要求，针对上述建筑要素提出具体的分级分类保护对象和标准。结合我国关于文物建筑的部分修缮标准及永泰当地的传统建造技术，对不同类型、等级的要素选择不同的修缮工艺，维护庄寨的核心价值。

2. 以核心价值为中心的分级分类保护

以核心价值为中心的分级分类保护主要体现在两个层面：不同庄寨的分级保护和庄寨各项价值载体的分级分类保护。

（1）不同庄寨的分级保护

由于永泰现存 152 座庄寨，数量较多，各个庄寨的破损程度不一，庄寨所有者的保护修缮意愿不同，所以难以采取统一的标准规定庄寨的保护修缮要求。目前有 5 座庄寨列入全国重点文物保护单位，9 座庄寨与 4 座小型防御式民居赤岸铳楼列入福建省文物保护单位，11 座庄寨列入永泰县文物保护单位。《中华人民共和国文物保护法》《中华人民共和国文物保护法实施条例》等相关法律法规和技术标准对各级文物保护单位的保护修缮要求均有相关规定。对于这些文物保护单位，除了应当符合相关法律法规与技术标准的规定，还应当符合永泰百姓的传统习俗，维护庄寨的价值。另外还有一些庄寨虽然尚未列入各级保护单位，但是保存现状较好，能够反映庄寨的典型特征，以及经过政府相关部门认定的具有重要保护价值的庄寨，都应当纳入重点庄寨的管理范畴。此类庄寨应该按照更高的要求保护，修缮手段的使用也应当更为慎重。除此之外的其他庄寨可以认定为普通庄寨。在制定相应的政府奖补制度、庄寨日常管理措施等方面，重点庄寨和普通庄寨可以有所区别。

（2）庄寨各项价值载体的分级分类保护

这些要素种类多、各有特点，难以采用统一的保护修缮要求。因此，可依照对庄寨核心价值的认知情况，识别最具代表性的价值载体，列为核心结构（区域）。厅堂空间作为庄寨中最重要的承载家文化的核心场所，寄托了庄寨居民们的祖先信仰；防御性构造是永泰庄寨区别于其他民居最重要的特征要素；厅堂的大木体系是永泰匠艺的重要体现；地域风土特征是庄寨的典型视觉识别符号。以上载体都应当列入核心结构（区域），予以保护。它们在保护时应当原状保存，尽量按照原形制，采用原材料、原工艺予以修缮。

除了以上核心结构（区域），其他载体则可以列为一般结构（区域）。在修缮时按照重点庄寨与普通庄寨之分，采用不同的标准修缮一般结构。为了加强庄寨的活化利用，改善人居环境，可以对庄寨的一般结构进行调整、改造，以适应现代居住需求，或者进行功能调整，赋予庄寨新的社会功能，改造成具有其他功能的空间，如博物馆、民宿等。永泰庄寨分级分类保护示意图如

图 2.43 所示。庄寨核心结构（区域）和一般结构（区域）的保护鼓励符合
表 2.3 和表 2.4 的要求。

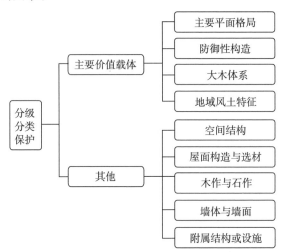

图 2.43 永泰庄寨分级分类保护示意图

表 2.3 庄寨核心结构（区域）的保护要求

结构类别	保护要求	类别	名称	保存、修缮的要求与手段
核心结构（区域）	1.不得随意拆毁与破坏 2.注重日常保养 3.所有庄寨修缮均应按"原形制、原材料、原工艺"进行	厅堂序列轴线空间	正门厅、下落厅、正厅、后厅、后落厅	轴线上的厅堂不得拆除、新建；修补地面不得覆盖柱础与封经石；注重日常巡查与保养
		防御性构造与设施	大门	不得拆除、损毁，修复时宜采用原式样
			跑马道	清理畅通，不得阻塞
			角楼	不得拆除，修复时宜采用原式样
			竹制枪孔	原样保留，不得填塞，可以适当利用
			斗形条窗	原样保留，不得填塞
		大木体系	穿斗梁架	使用传统工艺修复，不鼓励使用油漆
			看架	清理灰尘、保护彩绘
			五曲枋	清理灰尘、保护彩绘
			添丁梁	保护彩绘
			轩廊	轩顶复原时需采用原式样
		地域特色构造	太师壁添丁梁	原样保存
			木雕装饰	原样保存
			屋面装饰	原样保存，清理青苔，保护彩绘
			彩绘雨埖墙	不得破坏，原样修缮，保护彩绘
			泮池	原样保留，不得填塞
			瓦作、灰作	鼓励使用挂瓦加固，原样恢复

表 2.4　庄寨一般结构（区域）的保护要求

结构类别	保护要求	类别	名称	保存、修缮的要求与手段
一般结构（区域）	1. 按照重点保护类别和一般类别分类设定标准 2. 重点庄寨修缮应按照"原形制、原材料、原工艺"进行 3. 一般庄寨修缮建议按照"原形制、原材料、原工艺"进行	木作与石作	插栱	若缺失，鼓励补全
			斗	使用原样式补配，若歪闪则归正
			门窗	重点庄寨：须与原规格一致，中轴上门窗不得使用玻璃
			柱础	使用原样式、材料替换，外形与其他柱础一致
		墙体与墙面	外墙	重点庄寨：原状、原工艺、原形制恢复 普通庄寨：不得新开窗或安装与风貌不符的设施
			普通雨埂墙	不得使用水泥墙，鼓励垒砖、瓦或土，保护彩绘
			竹骨泥墙	推荐使用
		附属结构或设施	栏杆	二层廊道破损补配木质栏杆
			水井	原样保留，不得填塞
			台基	重点庄寨：阶条石不得使用水泥替换 普通庄寨：建议使用阶条石
		空间结构	厢房	重点庄寨：斗拱等不得拆除，修复时外观不得使用水泥 普通庄寨：不建议外观使用水泥
			过雨廊	鼓励使用木地板、木质栏杆，不宜使用水泥
			围屋	及时修缮破损屋顶，不得在夯土墙上开洞
			天井铺地	重点庄寨：不得使用水泥覆盖 普通庄寨：不得新建与风貌不符的设施
		屋面构造与选材	屋面构造	日常巡查，及时补漏
			屋脊构造	重点庄寨：原样保存，不得在表层使用水泥 普通庄寨：不建议使用水泥
			瓦	鼓励使用老瓦或定制类似老瓦

（二）《导则》的呈现方法

《导则》的呈现方法历经数次调整，特别是在听取了诸多工匠对《导则》呈现方式的意见后，每次改动都是为了让导则的内容更加清晰地表达。下文以图纸的整体布局、典型内容的呈现等为例介绍《导则》的呈现方法。

1. 整体布局

导则的图纸基本上包括了以下几项内容：①适用条件；②核心要点；③不当做法；④修缮图纸等。图 2.44 和图 2.45 所示是不同时期《导则》的呈现版本。在初期的呈现方案中，图纸整体排布较满，文字是页面中的主体内容。在修缮的关键节点，通过虚线和箭头引到特定的位置，使用 A、B、C、D 和 1、2、3、4 加以标注，再单独列成两个表格用于说明结构、工艺、材料等内容。

当我们拿着修缮图纸在评审会和施工现场访谈时，部分工匠反映看不懂图纸，细究原因如下：

1）整体版面文字较多，看图不便。访问中，工匠们表示他们在施工中不会细看图纸中的文字，只愿意看施工图解。

2）修缮关键节点的结构、工艺、材料等表达方式太复杂，工匠表示看不懂。

3）图纸中的五个步骤位于同一水平面，工匠读图时分不清这五个步骤的关系，有的工匠甚至认为这是一个房间的五根柱子。

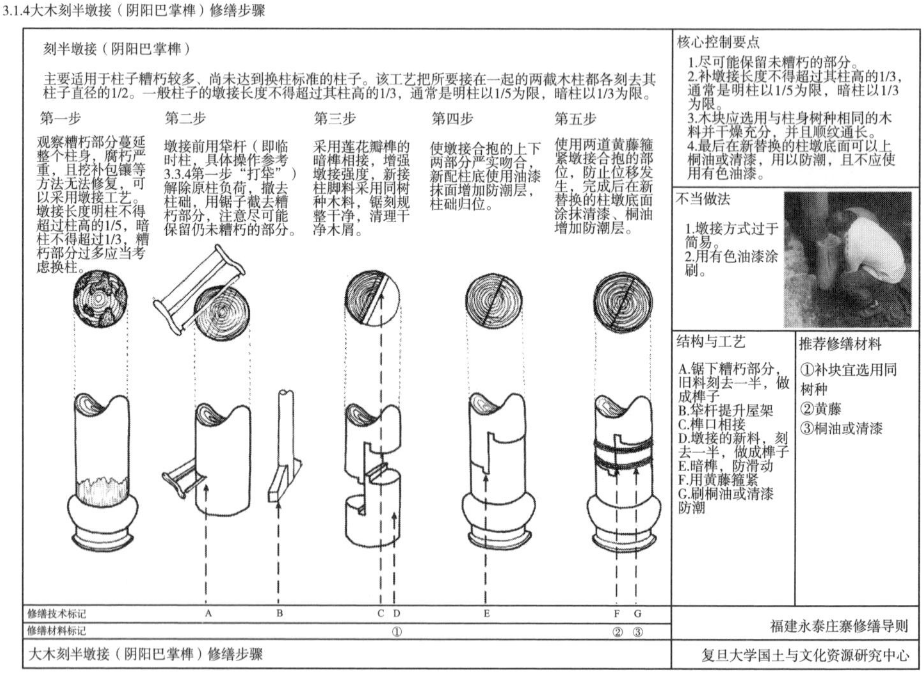

图 2.44　早期《导则》排版布局样式（以墩接巴掌榫为例）

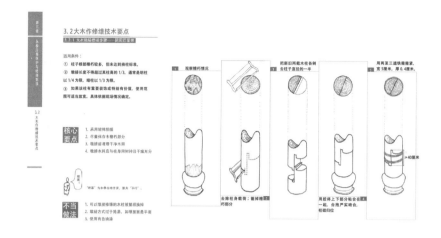

图 2.45 《导则》最终排版样式（以墩接巴掌榫为例）❶

为了解决上述问题，《导则》编制团队对呈现方式加以优化，重点保留"适用条件""核心要点""不当做法""施工技法"及手绘修缮图纸等内容，图纸的格式根据实际需求略有不同。

主要调整的内容包括：

1）简化图纸中的要素，对施工步骤等的文字表述进行精简，只保留最核心、最关键的内容，并通过不同色彩加以强调。

2）删除"结构与工艺""推荐修缮材料"等栏目，不使用虚线引导，而是在图中相关位置直接标注，更加显眼、易懂。

3）每道修缮步骤外加虚线边框，相邻的边框之间上下错开，并标明序号。

经过这一系列的调整后，请工匠试读新版《导则》时，工匠可以准确地复述图纸中预期表达的内容，明确表示可以看懂图纸。

以下以大木修缮中柱子墩接（阴阳巴掌榫）技术图纸（图 2.46）为例介绍导则的呈现方式。图纸包括以下内容：

---

❶ 因本书所附《永泰庄寨保护修缮导则》与原《导则》开本不同，排版和页面布局也与原《导则》不同，此处的排版样式为原《导则》的排版样式，下同。

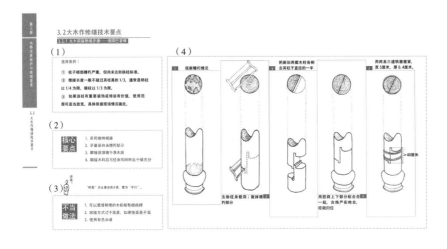

图 2.46 柱子墩接（阴阳巴掌榫）修缮图纸示例

注：图中的虚线框及数字编号为撰写本文时所加，原图纸中并未包括此类要素

1）该项技术的适用条件。当满足以下条件时，可以采用墩接技术："柱子根部糟朽较多，但尚未达到换柱标准。墩接长度不得超过柱高的1/3，通常明柱以1/4为限，暗柱以1/3为限。如果该柱有重要装饰或特别有价值，使用范围可适当放宽。具体依据现场情况确定。"当柱子破损情况符合上述条件时，即可采用阴阳巴掌榫的墩接方法施工。

2）核心要点是保障修缮质量的关键要素，在修缮中应当严格遵守。例如，大木墩接修缮的核心要点如下：墩接前要清理干净木屑；替换木料应与柱身为同树种且干燥充分；在墩接过程中应当尽量保存未糟朽部分，并注意采用暗榫相插。

3）不当做法部分规定了修缮中应当避免的做法。例如，在墩接施工中要避免将可以墩接修缮的木柱整根换掉，或是采用过于简易的墩接工艺，如墩接面做成平面而非榫卯结构，或是表面使用有色油漆。

4）手绘修缮图纸采用分步说明的方式将榫口形状、关键数据等在图纸上直观标明。

2. 材料类图纸

庄寨修缮涉及诸多材料，包括木、石、土、砖、瓦、竹、铁、灰等，在选择与使用方法方面存在一些标准。《导则》梳理了这些材料的特点、选择依据、使用方法等内容，下面以土和瓦为例进行说明。

在调研中发现，庄寨夯土墙使用的土一般为当地的黄土。取土时先去除表层含腐殖质的土层，取下层较深处的黄土。在修缮夯土墙时，建议也选用相同的土。这些夯土还可以用来制作草拌泥，用于涂抹竹骨泥墙。

在庄寨中实测了不同时期的瓦，它们在大小、厚度等方面有一定的差异。通过比较发现，清末时期的瓦片最大、最厚，而后随着年代的推移逐渐变小、变薄。访谈中工匠们表示老瓦更重，不容易开裂，也不容易被风吹动。《导则》展示了不同时期瓦片的对比照片及不同时期瓦片的规格尺寸等信息，并建议采购其他民居拆除后可使用的老瓦，或者定制新瓦。在修缮时把老瓦集中在厅堂等视觉焦点上，可以形成更协调的风貌。《导则》材料类图纸的呈现方式如图 2.47 所示。

3.6.2 土

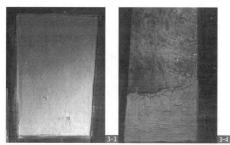

黄土

黄土是庄寨夯土墙的重要材料。推荐使用本地稻田的深层土。在取土前应当去除表层含有大量腐殖质的土层，使用位于下层的黄土。夯土过程中，黄土中可以加入一些枝条以增加拉结力。

庄寨厅堂地面多采用三合土夯筑。修缮时采用三合土工艺建议。不使用水泥涂抹地面。

3.6.3 瓦

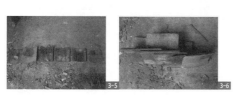

青瓦

瓦主要有两种用途：屋面铺瓦与前面挂瓦，老瓦比新瓦尺寸更大、更厚，且色彩更与整体风貌相协调。民国时期的瓦较之于清末的瓦，偏小、偏薄。近年来烧制的瓦，最小、最薄，有时还会上下两端大小一致，在屋面压瓦时容易造成漏雨。

修缮中的用瓦，推荐购买其他老宅拆除后保留完好、可以继续使用的瓦片。或者通过定制的方式烧制规定尺寸的瓦。维修时，将所有老瓦集中用于正厅、上（后）落厅、下落厅、正面屋顶等重要、显眼的部位。其他部位不足时再用新瓦。

年代	尺寸（毫米）			
	a边长度	b边长度	c边长度	厚度
清末	275	265	275	15
民末	240	230	237	9
现代	240	223	225	8

数据来源：项目组在庄寨中实测数据

注意！

修缮中禁止使用水泥瓦！

3-3 修缮后的竹骨泥墙
3-4 老泥墙（上）与修缮不当的泥墙（下）
3-5 不同时代的瓦片大小比较
3-6 不同时代的瓦片厚度比较

图 2.47　《导则》材料类图纸的呈现方式

3. 附属设施类图纸

庄寨不仅是重要的文化遗产，也是很多人的居所。为了提升庄寨的保护能力，改善人居环境，《导则》对厕所、给排水、电线与电器、防盗设施、防火设施、防雷设施等进行方向性指引，提出附属设施设置原则与部分技术手段。以电线与防盗设施为例进行说明。在历史上曾经有许多人口同时居住在一个庄寨，为了生活方便而布设电线，随着时间的推移，一些电线老化，成为火灾隐患。此外，外露的电线存在被老鼠啃咬后短路的风险。《导则》建议，在更换电线时，强电电线均应采用外包绝缘管，避免此类隐患。

庄寨的木雕、石雕等装饰十分精美，部分庄寨的牌匾、插把、柱础、香炉等构件或物品已经被盗，造成损失。柱础等受力构件缺失会导致建筑整体受力不均衡，危害建筑结构。因此，在庄寨内布置防盗设施很有必要。建议在庄寨中加装监控摄像头，对庄寨的主要出入口、厅堂等具有精美雕刻及较高价值的空间进行监控，防止盗窃事件发生，或为发生的盗窃事件提供线索。《导则》中附属设施类图纸的呈现方式如图 2.48 所示。

5.2 电线与电器设备

庄寨中的电线一律不能裸露在外，所有强电电线均应外包绝缘管或金属管，防止老鼠啃咬造成电线短路，进而引发火灾。电线的排线应尽量可能隐蔽，比如位于地板下、木槅条上皮、木梁架上皮、砖墙内等部位。同时绝缘管外表建议刷成木质颜色，使管线与建筑整体相协调。

庄寨中禁止使用高功率、荷载过大的电器，诸如电加热器、电取暖器等容易引发火灾的电器。应防止电线过载而引发火灾，尤其是电线线路尚未改造的庄寨，更应该严格控制。

5.3 防盗设施

庄寨中有条件的，应在重要位置安装防盗设施，以监控摄像头为主。根据庄寨规模确定摄像头数量，应覆盖庄寨重要部位，包括大门、正厅、上（后）落厅、内天井、精美木雕、雕刻的柱础等。摄像头的位置应尽可能隐蔽，不影响庄寨整体风貌。

5-7 电线外包绝缘管（建议刷成木色）
5-8 防盗录像设施

图 2.48 《导则》中附属设施类图纸的呈现方式

第三章

记录与解读：地方性视角下的永泰庄寨

　　庄寨是永泰的地标建筑，具有强烈的地域性特征。因此，在对永泰庄寨调研的过程中，除了查阅文史资料，倾听和记录庄寨人对于过往历史的追忆与诉说、理解和感受当地人口述的地方性知识与群体记忆，是更为深切和真实地理解庄寨、认知庄寨的重要途径。

　　具体来说，研究团队以访谈的形式展开记录，访谈人群包括庄寨族人、相关村民、在地经营者、行政管理者等，访谈的主题围绕着永泰庄寨营建的背景、发挥的功能以及人们对于庄寨的价值理解、情感寄托等问题展开。

　　访谈中大家或是恍然大悟，或是开怀大笑，或是若有所思。木匠的巧思，老者的睿智，稚子的语言，年轻人的希冀……都凝结在这些质朴而又深刻的语言中。在此，笔者希望通过嵌入这些记录，通过第一手访谈资料来阐述永泰庄寨的价值和意义，传达当地人对于庄寨的认识和思考。

一、时间与记忆：庄寨人眼中的庄寨

　　记忆是人们触碰时间的一种方式。除了厚重的历史资料，庄寨族人和周边村民的回忆为人们把握历史与当下的脉络、了解岁月赋予庄寨的价值提供了真切而鲜活的材料。

（一）家园营造

　　家园是生活的载体，在庄寨人的回忆中，家园的营造是记忆的源头，是所有故事的开始。在他们看来，庄寨的营建体现了先祖的智慧与家族的荣耀。建筑的一砖一瓦，庭院的一草一木，庄寨人在日常起居和生产劳作中与之朝夕相处，成为伴随生活的珍贵记忆。珠峰寨理事会副会长谢齐仁向我们讲述了珠峰寨的建筑布局（图3.1）：

　　寨子外围原有四个铳楼，现在都倒了。砌的墙基比永泰任何一个古寨都特别，原来的地基一边高一边矮，在外围看起来是阶梯式、层级式地形。因为出过当官的（谢世成，官居六品），所以寨门是平梁四方。如果没有当官的，寨门大多是拱形，包括正厅后面停放棺的空间，官位大才能盖成四方形。粮仓在寨子外面，再外面是养牛羊的，铳楼防御碉堡底下一层是盐仓，存储时间久了盐会板结。厨房的烟道经过科学设计，灶通上去后，在跑马道旁统一设计

图3.1 珠峰寨俯视航拍图

烟道，并经过屋面瓦作通风口排到室外，满足了几百人的使用。寨子的每个通道，房间门无对开。厅堂后面走上去没台阶，木板层层有落差，走的时候走一边翘一边，像鲤鱼摆动，现在木板拿掉了。原有的铳楼都应尽量地修缮起来，武厅、书斋都是有故事的。❶

　　庄寨营建的初衷是荫庇子孙，供家族居住，因此从选址到装饰都独具匠心，富有寓意。由于其时永泰匪患的猖獗，防御匪患也就成为建造庄寨的重要动因。在匪患严重的时候，寨外的村民也会进入具有防御功能的庄寨避难，短则几日，长则数月。

　　文献记载我们村有历史可考是明朝，但通过瓷片、生活用品等依据可以逐渐完善（还原）历史。德钟公经商做米行（商号为飞燕堂，早被买走了，已不属谢家）发家，孙子钦察公被封为官员，有五个兄弟，家产多。当时德化的土匪猖獗，遭到土匪抢劫家财，为保子孙平安，清道光十七年开始建寨，建了二十多年。❷

　　珠峰寨由盖寨的主人及后代享有，其他住在寨外的村民在特殊情况如土匪来时就跑到寨内避难，最长住三五个月。❸

---

❶ 来自永泰县盖洋乡珠峰村珠峰寨理事会副会长谢齐仁的访谈。
❷ 来自永泰县盖洋乡珠峰村珠峰寨族人谢志道的访谈。
❸ 来自永泰县盖洋乡珠峰村珠峰寨族人谢枝仁的访谈。

庄寨是祖辈苦心经营的心血，需财力、人力、物力三者兼备才能完成。修建庄寨一方面需要长期的资金积累，另一方面，由于工程浩大，庄寨的营建短则需要几年，长则需要几十年。庄寨有父子同修的，也有祖孙三代甚至数代人合力建造的，非一朝一夕、凭借一人之力可以完成。可以说，庄寨是家族团结、齐心协力的见证，这样的精神延续至今。

寨子外面的石头墙有两三米高，石头都是当时从山里挑回来的，工程很浩大，祖先很了不起。❶

三对厝中间那个厝是建造得最完整的，但是以前被火烧了一半，其他两个厝建造得都不完整。因为建厝的时间长达好多年，刚开始建造的人老了之后，他的子孙心不齐就没有建完，而中间那个厝的建造者在建厝的时候比较年轻，他这一代就把厝建造得比较完整了。❷

我们保护庄寨因为这是祖先建下来的，对我们有精神上的意义，体现了家族凝聚力。没有了庄寨凝聚力就淡了，每家每户都在不同的地方，没有老房子的话大家对待家族共同的事情在思想上就没有那么重视了。❸

茶余饭后，厅下阶前，长辈们诉说着昔日的荣耀、家族的历史、先辈的故事、庄寨的由来，以满足小孩子的好奇心，告诫年轻人做人做事的道理。久而久之，言传身授，耳濡目染，教化也就寓于其中了。竹头寨（图3.2）黄修朗老先生告诉我们：

我们的祖先是916年迁过来，现在留下来的已经发展到第28代。第五房原来住在白云乡的，现在也迁出来了。以前寨子里假设有10个人，7个人要去耕田种地，3个人去读书。但我们根据当年的生产水平情况，有一个"潜规则"，农忙的时候读书的人也要去耕地，农闲的时候耕田的人也读书。我们的汝襄公受教育非常好，启蒙教育都过关了，还是很有知识的，他为了选地迁出来去江西赣州学习堪舆术。学成以后回来了，他就运用赣州的"形态"（江西讲"形"，福建讲"理"）将形和理结合起来，在一条垄上面选了三穴地，第一块地是他父亲的坟墓，叫"文椅墓"，现在还在。第二穴就是竹头寨。第三穴是他自己的坟墓，就是"半月沉江"，这个地还在。这三块地很多风水先生

---

❶ 来自永泰县白云乡北山村北山寨理事会会长何亦星的访谈。
❷ 来自永泰县盖洋乡盖洋村郑姓村民的访谈。
❸ 来自永泰县东洋乡周坑村绍安庄族人的访谈。

图 3.2   竹头寨航拍图

来考察，都认为选得非常好，是个风水宝地。竹头寨建起来是很不容易的，我们现在宣传竹头寨最大的意义就是怎么勤俭，怎么艰苦奋斗。我们的家风就是勤俭耕读。我们一千多年以前来到这里，都是很荒凉的，为了生存就要农耕，以耕谋生存，以读谋发展，以勤俭来支撑耕读，以读来发展耕，都是有辩证关系的。这个寨建起来非常不容易，资金的积累大概有 80 年的时间。据老人家传下来说，最起先试有公（音）小孩子的时候就喜欢养狗，以前狗可以看家护院、上山狩猎，还可以陪主人，狗养多了就卖给别人，卖了得到一些钱就买牛，养牛环境非常好，牛养多了就出去投放，租给别人用参与分成。赚了一些钱之后买田地，买完田地之后也是投放。过去卖田卖地都是因为家里出现了灾难，一般人不会卖。买了田地之后还是交给原主人来种，不像地主收租那样，而是你自己看看给多少地租都可以。这样积累一些财富，也做了一些生意，也放高利贷。萃容公（明官）45 岁开始建这个寨，上寨是汝襄公很早就开始建的，下寨是光绪年间，1887 年建的，盖到 65 岁他过世了，后面第二进还没有建得很完整，第一进盖得比较好。❶

　　庄寨是家族传承的见证者，是后人凭念感怀先人的精神象征，是祖先历尽艰辛开创的基业，也是家族团结自信的动力来源。对于庄寨的后人来说，庄寨在哪里，祖先的根就在哪里，祖祖辈辈口耳相传，是对"我从何处来"的回答。

---

❶　来自永泰县白云乡寨里村竹头寨族人黄修朗的访谈。

非常感谢十九大提出的乡村振兴，我们的根、民族的魂在祖宗、在老家。你哪里来哪里去很关键。根在哪里，你要懂得回去。这是我们的民族文化，要留住，要把民族的魂留下来，没有文化支撑走不远。保房子的意义狭义来讲，人家年轻人爱保不保是自己的事，大家的意见不统一，但首先你不能忘本，这个家、这个房子是谁盖的，房子是我们赖以生存的居所，（有了房子）你才能走出去拼搏，回来才有家。耕读文化的传承也是民族文化的传承。社会要发展、要延续，传统文化要传承。庄寨是乡愁的地方，是守望的地方。即使没有房子也有庄寨文化，慎终追怀。现在认祖归宗的很多，都在做族谱，族谱代表家族的文化，走出去之后认祖归宗回来了，这也是家族文化。族谱是家族文化的传承。要寻根，根在那里。血脉、血液传承下来，要懂得从哪里来到哪里去，要懂得回来，要懂得家，这很关键。❶

有的族人已不在庄寨中居住，但过年过节的时候他们还会带着自己的后辈来到庄寨，回忆住在庄寨中的岁月，向孩子讲老房子里的故事（图3.3）。

图3.3　仁和庄中的孩童

老房子对我们后人很有意义，我们祖辈能有这样的传承，应该也要保存起来。现在修得这么好，下一辈一定会过来保护，让我们的祖先永远流传下去。我们想把庄寨做起来是为了使我们容就庄的每一代子孙都知道我们的祖宗还有这么好的东西，让每一代都知道。❷

成厚庄是我们祖先留给我们的，过年过节子孙都会回来，我们会带小孩

❶ 来自永泰县红星乡西寨村西陇庄族人徐寅生的访谈。
❷ 来自永泰县霞拔乡下园村容就庄族人的访谈。

子上去烧香，会给他们讲住在里面的老故事。我就是出生在寨里面，到我8岁的时候才从里面搬出来。❶

而在仁和庄的一位族人看来，庄寨的意义在于：

一是可以回忆我们祖宗怎么有这么大的本事盖这么大的房子，给我们留一个纪念。二是为了给下一代人，尽我们自己的努力把祖宗留下来的遗产保护好、修缮好留给下一代，让祖宗的遗产代代相传。三是搞清楚我们从哪里来。向别人回忆我是从哪个地方来的，假使别人不相信的话我带你来看，我家有一个寨。我们这里我修缮过族谱，我们福建从哪里来我一直都不知道，修了以后才知道我们老家是河南的，从河南迁福州，到月洲，再到同安。族谱拿一本自己保管好，我们老家在哪里，谁是我的亲人，拿族谱出来对一下。我们现在的年轻人，先问你是第几世，对上以后，再说自己是哪里的。寨子保存下来以后，我们走到世界去还是在这里有一个家。庄寨就是起这个作用。现在和以前不一样了，有的地方没有空间办婚宴，我们还可以在庄寨里办一个婚宴。❷

有些庄寨已经坍圮，偌大的寨子失去了"左膀右臂"，可是无论怎样残破，庄寨的正厅仍屹立在草丛中不倒，正厅中供奉的香火延绵不绝，也成为家族凝聚的希望。我们请教庄寨的族人，如果庄寨在极端的情况下需要拆除是否可以，他们表示，正厅是一定不能拆除的地方，因为祖先就在那里（图3.4）。

图 3.4 省墘寨屹立的正厅

❶ 来自永泰县嵩口镇芦洋村成厚庄族人的访谈。
❷ 来自永泰县同安镇三捷村仁和庄族人的访谈。

如果说寨子里最重要的地方，首先对下代来说大厅当然是最重要的，祭拜都在这里。大厅倒塌了，没有祭拜的地方我们的后人就完了。大门也很重要，风水都靠大门，排水、收水都靠大门。❶

庄寨假如要被拆除，正厅肯定不能拆，官房也不能。一般来说正座不能拆，后座是可以拆的。其实按我的说法是都不能拆，以前老祖宗建的时候每个地方都有讲究。❷

（二）庇护之所

由于永泰历史上的匪患严重，庄寨的防御能力发挥了重要的社会功能，寨里寨外的村民在有紧急情况时在庄寨内躲避土匪，庄寨成为荫蔽族人与村民的港湾。我们在庄寨附近采访的年龄比较大的村民大多数都有在庄寨内避难的经历，体现了庄寨的开放、包容与团结。

土匪来的时候整个村子的人都可以进去避难，宁远庄是可以接纳不同姓氏的村民的，很包容。❸

珠峰寨的建造听说是有钱的都出钱，但是土匪来的时候（无论有没有出过钱）都可以上去避难。❹

土匪从这条路的两个方向都会过来。土匪来的时候街上的居民都可以躲，我们村很团结。❺

为了防止土匪围攻，庄寨的围墙基本采用较厚的石头垒砌。许多庄寨为了加强防御性能，大门以铁皮包裹，像铁板一样刀枪不入，甚至有直接以"铁板"为名的庄寨；同时，修建炮楼或碉楼也成为庄寨增强防御性能的方式。

我们铁板寨的名称是有来源的，因为寨子的大门包着铁板，这样不容易被土匪用火烧；我们的防御也很好，像铁板一块，所以叫铁板寨。但是后来寨子还是被土匪烧掉了，里面的人被赶了出来。现在寨子被李树挡住了，周围有很厚的围墙，寨子的后面还住着两户老人家，寨子上面供奉着神明。❻

---

❶ 来自永泰县同安镇三捷村爱荆庄族人鲍道龙的访谈。
❷ 来自永泰县东洋乡周坑村绍安庄族人的访谈。
❸ 来自永泰县嵩口镇月洲村书记曾巩荣（非宁远庄族人）的访谈。
❹ 来自永泰县盖洋乡珠峰村珠峰寨族人的访谈。
❺ 来自永泰县丹云乡赤岸村王姓村民的访谈。
❻ 来自永泰县盖洋乡盖洋村铁板寨族人的访谈。

　　炮楼之前我也躲进去过，就是上面二楼的房间。一有土匪我们这个庄的人就躲进去。炮楼修过，但是现在二楼的楼梯有点坏了。❶

　　北山寨在道光年间建立，建寨的初衷是保护族人更加安居乐业。它的防御系统非常完善，包括碉楼等。当时匪患严重，为了族人能够安居乐业，建立了这个寨堡。在动荡时期族人和周边的人可以避难。❷

（三）乐业安居

1. 文化教化

　　庄寨一般由家族共同营建，族人们深知教育和文化对于一个家族发展的重要性，对教育的重视体现在方方面面。过去，族人们不仅设学堂、置学田、请先生，庄寨中的木雕、灰塑、楹联等装饰构件也莫不体现出先人的劝喻苦心。正因如此，直至今天，我们进入庄寨，仍能通过厅堂院落、一石一木感受到浓厚的文化气氛。

　　念书的地方在两边的书院，明中期和清早期我们这边文化气氛非常浓厚，我们日及堂、玉兰堂、梅花书屋、冻井三房、凌苍楼都是藏书、文化教习的场所。我们居住的厝是我们共同的祖先居住的地方，两边都是书院，供念书用的。耳濡目染之下，老人家虽然不识字，但礼仪、教养懂很多。我奶奶虽然不识字，但可以背出大半部三字经，耳濡目染。孩子大了就进入我之前说的那几个地方念书，学毛笔字，打算盘，还学《五言杂字》，出于谋生的需要。过去我们这边的乡绅发展得比较快，都兼做一些生意，百分百每个人都要过这个关。过关之后就是一些启蒙读物，《三字经》《百家姓》《千字文》《朱子家训》《增广贤文》等，这些东西百分百的人都要过。准备参加科举考试的人还要读四书五经、经史子集等。我们家族对学习非常重视，但是到民国以后断层了。❸

　　过去富家大户聘请名师宿儒在家专门教授自己的子女，这种私塾称为家塾，永泰庄寨自设的书斋均属于这类。例如，爱荆庄设立的书斋，为了家中子孙的教育延请先生授课。值得称道的是其中的"妇女斋"，主人对于女性的尊敬不仅体现在"爱荆"之寨名上，还专设供女性读书的地方，保障女性受教育的权利。

---

❶ 来自永泰县梧桐镇椿阳村椿园庄族人的访谈。
❷ 来自永泰县白云乡北山村北山寨理事会会长何亦星的访谈。
❸ 来自永泰县白云乡寨里村竹头寨族人黄修朗的访谈。

爱荆庄是 1832 年建立的，后来一直发展到五房。那时候孙子很多，就开始办学校，请了一个先生。我们前面是有书斋楼的，白天的时候在里面上课。妇女和小姑娘都会学习识字、家风家教等。有一个地方叫"妇女斋"，嫁出去的女孩子也很注重家风家教。❶

古时候进私塾都要拜孔子。容就庄将后落的楼房作为学堂，在二楼学堂供奉着孔子的挂像。幼儿入学的第一天要举行开蒙礼，即由长辈带着在此拜孔子。拜孔子的地点不仅局限于学堂，在竹头寨孔子更是每家每户供奉的对象。

黄家过去对耕读家风非常重视，从小孩子开始。我小的时候每家每户吃饭的地方都有孔子的牌位，挂一个香炉，贴一张纸条，大人带着小孩子早晚烧香，买不起香也拱手拜一拜，还要念"圣人经"。❷

庄寨中各种精致的木雕、灰塑、楹联等装饰发挥着润物无声的教化作用。例如竹头寨（也称明官寨），不仅庄寨周围的环山被比喻为孔门七十二贤，而且至今完好保存着 32 副楹联，是竹头寨耕读传家的见证。

明官寨建于 1885 年。明官寨在我们永泰庄寨里面最有传统文化，体现在两点：楹联和雕刻。此外还有雀替、斗拱，天井的人文文化，开井外圆内方，圆代表做事要通融，方是个性、准则。竹头寨有个楹联，左边是"凡事让人只靠天，祖宗家法如此"，右边是"逐日图功兼计过，俊杰时务在此"。这对楹联是黄文焕的儿子写的，到现在 380 多年，那是人生的精髓，这是庄寨文化里面体现出来的。❸

明官寨的看点有几个。除了庄寨居住和防御的特色以外，最大的两个看点是木雕和楹联。书院门窗两边上面以前有取材于《三国演义》的镂空木雕，非常精细，过去老人家指着这个给小孩子讲《三国演义》的故事，现在（木雕）一个都没有了。听说一个文物贩子和本地的人交易之后拿到莆田去卖，没卖多少钱，运到莆田之后货压在那边，卖也得卖，不卖也得卖，不然就回不去，几乎是半送给人家。现在还留下来的就是屋面上面，有竹林七贤，一些花鸟、吉祥物等，都是有意义的。再一个看点就是楹联。大门口是篆书，背后是隶书，其他都是行楷。楹联的规划是非常有趣的，可以确定下来的有黄春山和

---

❶ 来自永泰县同安镇三捷村爱荆庄族人鲍道龙的访谈。
❷ 来自永泰县白云乡寨里村竹头寨族人黄修朗的访谈。
❸ 来自永泰县红星乡西寨村西陇庄族人徐寅生的访谈，其母亲为竹头寨人。

黄大河两个书法家（的作品）。过去考试第一关就看字写得怎么样。第二个特色是楹联有一个总纲，提出一个问题：我们前一代辛辛苦苦创造这么美好的生活，你们下一代应该怎么继承。其他的楹联都是针对这个问题的。第三个看点是制作工艺，不是用红纸写了贴在上面，而是用桐油漆，再用徽墨写，所以一百多年了还能保存下来（图 3.5）。❶

图 3.5　竹头寨中的楹联

庄寨中的楹联众多，自然会引起孩童的好奇，长辈们便将其中的道理告诉子孙，培养孩子们学习的兴趣。同时，庄寨还体现了她的平等与包容。

小孩子开始学习讲话的时候，老人就带着从对对子开始，不拘场合，也不拘男女老幼，一开始要求不严格，一步步走向规范化。这个风气非常盛，主要培养小孩子学习的兴趣。要对好对子、对得快，一要读书，二要深入生活实际。❷

原来在男尊女卑的时代，大门走进来有两个女人的雕刻在上面。盖房子的人是贡生萃容公，他有文化，不倡导这种（男尊女卑），倡导男女平等，胸怀宽容，容纳百川。❸

寨内的书斋不仅在封建社会成为族人的开蒙之所，也在新时期的一段时间内扮演着学校的角色。

以前，寨里的书斋用来给大家读书（作为学校），新中国成立后学校改在关厅，因为上面没人住了，而且爬上去很不方便。（19）65 年以后学校就搬出寨子，设在村部。❹

---

❶ 来自永泰县白云乡寨里村竹头寨族人黄修朗的访谈。
❷ 同❶.
❸ 来自永泰县红星乡西寨村西陇庄族人徐寅生的访谈，其母亲为竹头寨人。
❹ 来自永泰县盖洋乡珠峰村珠峰寨族人，珠峰村老书记的访谈。

（学校）办了好几年，一直到外边小学盖好。五几年开始的，可能是七几年搬出去的。新中国成立前是家族私用的学堂，新中国成立后寨外的人也可以过来念书，变成公立小学。❶

在访谈时，负责爱荆庄修缮的老木匠鲍道龙师傅谈到读书时有感而发，朴实的话语在耳边缓缓道来，温暖而有力，深深地烙在在场的每一个人心里。

读书不一定要做官，做生意有头脑也比别人强一点。以前大门口晚上坐了很多人，会讲家风家教故事。现在年轻人回来都是手机电脑，也不会听。传统要传，要宣传，才能留下来。现在办丧事人们不懂，办喜事很多东西也都不知道了。什么都要学，年轻人要学，要肯干。不接触老人，什么都不懂。老人教你，你要学习。我以前没和爸妈学太多的东西，只学了一些做人做事的道理，很多东西都没学到。什么都要勤学苦练。现在（爱荆庄）的基础做得这么好，希望永远保存下去。❷

庄寨所承载的文化尤其是家文化是其价值的核心之一。家作为文明传承的载体，也是稳定而有序的社会基本单位。传统乡村社会以家庭为生产单位的社会结构注重人伦关系，强调秩序、顺序、排序，这种长幼有序的伦理秩序成为维系教化、构建和谐的基础。庄寨是教化之所，发挥着凝聚人心、教化人心的作用，影响着庄寨世世代代的后人。

这是家族凝聚的地方，是婚丧嫁娶举行宴会的地方，也是讲故事的地方；还有族长族规，这是受教育的地方。竹头寨大门进来有屏风门，这个门平时不开，两种情况下才开，一是迎接官宦人家进来，还有婚丧嫁娶。厅堂两边的大椅子，那是讲故事的地方、讲仁义的地方、讲五常的地方，仁、义、礼、智、善。我们中国还讲孝道文化。上寨有一个半月池，那是长辈人夏天乘凉、茶余饭后讲故事的地方，讲长辈人怎么创业，讲礼仪。❸

庄寨文化主要是教育我们下一代如何艰苦创业。我们过去家族那么穷，怎么能存在下来，社会能够得到发展就是要勤俭。我们在1593年以前三餐还不能吃上大米饭，过的还是"糠菜半年粮"的生活。我们的先人瓜菜种很多。1593年陈振龙跑到菲律宾做生意，刚好那年福州旱灾断粮，他就把番薯藤从

---

❶ 来自永泰县同安镇三捷村仁和庄族人的访谈。
❷ 来自永泰县同安镇三捷村爱荆庄族人鲍道龙的访谈。
❸ 来自永泰县红星乡西寨村西陇庄族人徐寅生的访谈，其母亲为竹头寨人。

菲律宾运回来，运回来之后试种成功了。我们这里也引种了，72座山头都留下了栽种痕迹。我们就开始以番薯米作为主粮。❶

我们这边大部分还是按辈分取名。我们的用字也是取有教育意义的，思、有、容、德、美、大、修、身、为、本（字辈）。德最重要，做人以修身为本。能谦道自光、为人谦虚，道路自然光明。❷

2. 生产生活

永泰地区山多地少，稍微平坦、规整的土地都留作耕地，建房选址往往依山就势，既节约材料，又可最大限度地开垦土地。而庄寨内，由于人丁众多，各个部分的空间依照秩序公私分明，均做到了集约使用。

寨子里的大厅、书房、平台等都是公共场所，只有房间才会被分于族人居住，为私人空间。❸

传说庄子上留下了120个烧火的灶。当时120个房间都睡得满满的，跑马道还有人睡，那时候雇佣的长工也住在里面。❹

除了居住生活的空间，粮食的储藏、家畜的圈养等亦需一番考量。

有空房间会用来放东西，偶尔上去取一件两件。（现在）没有在寨子里面养鸡鸭，但寨子外面盖有牛栏。牛栏和粮仓都在寨子外面右侧，在现存的围墙外原来还有一层外墙，铳楼（共四个）也在那里，粮仓在铳楼下面。❺

庄寨内的生产生活各有分工，体现着庄寨族人的团结协作。庄寨族人从事不同的生产活动，耕田、读书、经商各有侧重，很大程度上保证了家族的繁衍发展。

仁和庄五代不分家，仁和就是很团结很和睦的意思。当初建寨的三兄弟有一个分工。老大管农田，以前这里农田很多，四月份的时候他去收租。老二搞接待、外交，他在县里面当一个官，那时候还叫永福县。老三做的是茶油生意，油坊建到梧桐，以前三洋三分之一的地都是我们的农田。我们的寨堡来之不易。❻

---

❶ 来自永泰县白云乡寨里村竹头寨族人黄修朗的访谈。
❷ 来自永泰县霞拔乡下园村容就庄族人黄步坚的访谈。
❸ 来自永泰县盖洋乡珠峰村珠峰寨族人谢义兴的访谈。
❹ 来自永泰县嵩口镇月洲村宁远庄族人张进蒲的访谈。
❺ 来自永泰县盖洋乡珠峰村珠峰寨族人、珠峰村老书记的访谈。
❻ 来自永泰县同安镇三捷村仁和庄族人的访谈。

　　此外，族人们在庄寨周边建立的油坊等生产加工场所维系着族人与周边村民的日常生活，也为家族提供了额外的收入来源。以下园村油坊为例，该油坊依然留存着传统的生产工具，在十余年前仍旧采用传统的榨油工艺，其流程大致如下：

　　1）炒。在大锅中将茶油果炒干，取出茶油籽（图3.6）。

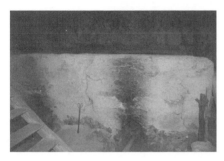

图3.6　炒茶油果的灶与锅

　　2）碾。在碾盘中将茶油籽碾碎成粉末。操作流程大致是借用水力使水车转动，并带动其下方的碾盘运转，而后将茶油籽放入圆形的碓里进行碾压，直至碾成粉末（图3.7）。

图3.7　水碾系统

3）蒸。将碾压后的茶油籽粉末进行蒸煮（图 3.8）。

图 3.8　蒸锅灶台

4）榨。大致流程是将蒸煮后的茶油籽粉末制成圆形的茶油饼，将其均匀排列，放入专门的木槽内，并用木楔固定好位置，进而用石锤击打，榨出茶油（图 3.9）。

图 3.9　榨油设施

尽管如今的庄寨已不再是大多数族人生产生活之处，其历史上的生产生活功能大多已经不再延续，但对于如今的人们了解过去依然能够发挥作用。嵩口镇松口气客栈的经营者谢方玲认为：

作为一种存在的实际空间，能够让现代人看到当时人特定的生活，比如去庄寨看的人会觉得原来这些厚厚的墙是用来防御的，原来以前这么多人住在一起。现代人可以通过一些场景设想之前的生活情况。乡村的遗产对孩子最大的作用是教科书（教育）。❶

❶　来自永泰县嵩口镇松口气客栈经营者谢方玲的访谈。

3. 信仰供奉

祖先是庄寨族人日常供奉的对象。人们祈求祖先佑护子孙后代，给族人带来心理上的安慰与安全感，这是人们对于祖先非常朴素的崇拜。供奉祖先有一些比较重要的时间点。

祭祖先有端午节、（农历）七月十五、过年三个比较大的时间点。其他特殊的情况没有时间限制。❶

过去，有些庄寨不仅供奉祖先，也会供奉其他的"神明"。随着居住在寨内的族人越来越少，庄寨变得日益空旷，庄寨中也衍生出新的信仰空间。除了在正厅敬奉祖先，有些庄寨在内部也会辟出一处或几处供奉的空间，一般是在后楼、后楼厅、门楼厅、边厅等公共空间，在日常的祭祀中保佑家人平安。这是庄寨人信仰的见证，也显示出人们对于美好生活的愿望与追求。

村民搬出来之后寨子就没什么大作用了，节日的时候人们会去拜关公。关厅下来有个祖炉，很值钱，十几年前曾经被人偷偷拿走三次，后来又送回来了。现在相比于拜祖宗，拜关帝的比较多。寨子没拆的时候大家就在那儿拜关帝，那时候拜的是画像。❷

陈德美，就是建庄子外圈的那个人，是他那时候把神像"请"进来的。（拜）张圣君是农历七月二十三，（拜）卢公是二月二十九，（拜）三佛仙君是三月二十三。我们小的时候就有神像了，盖房子的时候庄子上面就有三个神像，新中国成立前还保留着这三个神像。原来供奉神像的地方没有那么大，我们把它改造了一下。供奉神像的位置是不变的，只是装修得更好一点。❸

（四）慎终追远，祭祀祈福

祭祀祖先是中国源自古代的信仰活动，有着悠久的历史渊源。《礼记·祭统》有云："凡祭有四时：春祭曰礿，夏祭曰禘，秋祭曰尝，冬祭曰烝。"唐代只允许少数高级官员修建家庙，而且家庙按规定修建在京师而非故乡，作为彰显地位的标志。参与祭祖的也主要是家庭成员，与原籍族人关系不大。北宋程颐曾说："庶人祭于寝，今之正厅是也。凡礼，以义起之可也。"❹在宋代，祭祀

---

❶ 来自永泰县同安镇洋尾村爱荆庄族人鲍道龙的访谈。
❷ 来自永泰县盖洋乡珠峰村珠峰寨族人、珠峰村老书记的访谈。
❸ 来自永泰县嵩口镇芦洋村成厚庄族人的访谈。
❹ 程颐，程颢. 二程集（第一册）[M]. 北京：中华书局，1981：258.

不再是王公贵族的特权，平民百姓在居住的正厅祭祀祖先已经普遍出现，"有祠者祭于祠，无祠者则列馔，焚楮（纸钱）祭于中堂"。"中堂"在庄寨中指的就是祭祀祖先的祖堂，通常位于门厅与礼仪厅之后的正厅。官方允许一般的百姓依照当时的习俗在正厅安放祖先牌位祭祖，在家祭祀，即"家祀"。

"家祀"在宋代成为一种较普遍的祭祀方式。宋代以后，随着宗法伦理的平民化，福建民间的祭祖活动盛行。到了元代，南方地区由于长时间的安定，人口繁衍，代际相传，宗族组织发展迅速，标志之一就是出现了更多的自建祠堂，平民百姓不仅在家祭祀五代以内的近祖，而且在祠堂祭祀祖先。一般的乡里、村落也开始兴修祖祠祭祖。由于制定《家礼》的朱熹在福建地区的特殊影响，很多家族按照《家礼》修建祠堂。因此，从元代起，已经形成了系统的祭祀远祖和近祖的祭祖制度，这种祭祖制度与编修族谱、设置祭田和义田紧密结合，表现为家祭与祠祭、大宗和小宗的结合。另外还有一种墓祭❶，一般以祖墓为中心，和家祭、祠祭互相补充，形成一套完整的、系统的祭祖制度。

今天的永泰地区既有在厅堂祭祀近祖（家祀）的习俗，也有在宗祠里祭祀远祖的习俗。家庭在居所内或居所旁设置的祭祖场所简称"家祠"。❷祭祀的厅堂称"家祠堂""祭堂""影堂"等，略有区别，但大体相同。家祀与在宗族祠堂祭祀同时存在，并行不悖。庄寨是由祖先建造的，后人将祖先们的牌位安放在正厅供奉，四时祭祀（图 3.10）。

图 3.10 庄寨正厅供奉先祖

❶ 郑振满 . 明清福建家族组织与社会变迁 [M]. 北京：中国人民大学出版社，2009：175.
❷ 王鹤鸣，王澄 . 中国祠堂通论 [M]. 上海：上海古籍出版社，2013：115.

对于庄寨族人来说，庄寨正厅最重要的功能是供奉祖先。人们认为祖先在"根"就在，如果正厅不存在了，族人的"根"就没有了。因此，无论庄寨如何破旧，庄寨的正厅始终要留存下来。

因为祖先的灵位在大堂，农村讲风水，我们的风水在那里。❶

随着自立门户的子孙或者移居至别处的族人将近祖供奉于新居中，五代以上的祖先则主要供奉于宗祠中，因此有些庄寨的家祀作用逐渐让渡到宗祠，族人在新居中祭祀自己的近祖，在宗祠祭祀代际较远的祖辈，正厅的祭祀功能逐渐消失。

以前是用于祭祀的，但是我年纪比较小，没有参加过祖辈的祭祀仪式。我们现在 11 月份会进行祭祀，但是在（宗祠）下面进行祭祀的，郑家的人都在那里祭祀，家里的正厅已经不用于祭祀了。❷

也有些开发利用的庄寨则另辟新地，将祭祀场所转移到其他地方。有些庄寨的经营者则认可庄寨的这一文化，允许庄寨正厅保留供奉祖先的功能，允许后人回来祭拜，并乐意将其作为特色的一部分展示给客人。

（北山寨）没改成酒店前，很多红白喜事都在这里进行。我们和企业签订了 25 年合同，在这个年限内不会在寨子里办红白喜事，大家都在自己外迁的房子里举办。关于牌位的供奉，协议里没有写，但是酒店开业后牌位一般是不会动的。逢年过节的时候，族人还会回来祭祀祖宗，有个念想。❸

酒店开放之后，族人还可以在正厅里面祭祖，只要保证安全就可以。我们实际上也希望客人可以看到。❹

1. 祭祀对象与场所

一般而言，家祀更多的是祭祀五代以内的祖先或所属房族的祖先，而家族的宗祠祭祀的则是上溯五代或五代以上的祖宗。如今，庄寨后人在正厅供奉的祖先一般是庄寨的修建者，也是庄寨人共同的祖先，还有自己的上几辈亲人，并不拘泥于古代祭祀四代以内祖先的限制。

一般的红白喜事都在各厝的厅堂里面进行，一个厅堂居住的都是同姓的

---

❶ 来自永泰县白云乡寨里村竹头寨理事会副会长黄大锐的访谈。
❷ 来自永泰县盖洋乡盖洋村郑姓村民的访谈。
❸ 来自永泰县白云乡北山村北山寨理事会会长何亦星的访谈。
❹ 来自永泰县白云乡北山村北山寨庄寨酒店经理徐俊的访谈。

人，供的是共同的祖先，各个厝供的（共同）祖先在宗祠祭祀。❶

正厅用来祭祖先，（还有）结婚、做寿，自己祭自己的上一辈。八月十五有人愿意去正厅祭就去，不强迫。主要是过年和端午。❷

（正厅用于）结婚、做寿、做道场，过年过节祭一下祖先。我一般祭父母。❸

每年年关的时候外迁的都会回来祭祖、烧香、烧纸箔，但是寨子是木质结构，担心引起火灾。从爷爷的爷爷开始建寨，我是第五代，祭祀到庄寨成立那一辈的祖宗。现在寨子里族人父母的牌位都"请"走了，在这边祭祀的都是早几代的祖先，感谢他们给我们盖了这么大的寨子。去年给族人开会，说要在寨子里开发旅游，让大家把自己父母的牌位都"请"走，也是为了防止祭祀的时候有火灾安全隐患。❹

住在庄寨的族人如果搬出去，有些会将自己直系长辈的牌位"请"到新家中。未"请"出去的牌位族人仍然回寨内祭拜。代际更远的先祖则供奉在宗祠中，由族人共同祭拜。

他们的家虽然搬出去了，房子在外面盖了，但祖宗没有"请"出去，没"请"出去的七月祭祖的时候都要来。（"请"出去时）要请道士来把祖宗"请"出去，举行一个仪式。主要是仪式，并不需要把哪种实物"请"出去。一般"请"爸爸、妈妈、爷爷，或者更往上的。❺

村里祭祀是七月一日去谢氏宗祠祭祖，有些人初一、十五去祭拜关帝、大王庙（宫）。❻

2. 祭祀礼仪

祖先的象征一般有牌位、画像（或照片）、神榜、族谱四类。❼正是由于对先祖的崇拜，许多庄寨先祖的牌位雕饰得十分精美。一些庄寨出于安全考虑将祖先的象征收藏他处，祭祀时再摆出。也有因牌位丢失或被偷盗等而不设象征物的情况。祭祀礼仪分为家庭祭祀与家族集体祭祀两种。家庭祭祀的仪式并

❶ 来自永泰县白云乡寨里村竹头寨族人黄修朗的访谈。
❷ 来自永泰县梧桐镇椿阳村庆丰庄族人的访谈。
❸ 同❷.
❹ 来自永泰县白云乡寨里村北山寨理事会会长何亦星的访谈。
❺ 来自永泰县大洋镇大展村昇平庄族人鄢守德的访谈。
❻ 来自永泰县盖洋乡珠峰村珠峰寨族人谢志道的访谈。
❼ 陈毅香.民间信仰视角下的永泰庄寨仪式空间探析[D].武汉：华中科技大学，2019.

不复杂，逢年过节准备好供品置于供桌上，而后上香，向祖先祷告、祈福，请祖先保佑。

　　端午、七月半、冬至、过年的时候会回来，七月半和过年的时候人是最多的，每家每户都会回来祭祀，会把东西供在供桌上。要摆上猪肉、鸡、白果，还要点香、烧纸钱。鸡须是公鸡，肉得是条肉（有排骨的那种），白果要5碟（5块为一碟），水果以苹果、香蕉为主。香一般是20根，香炉中插3根，两边柱子上各插3根，其他插在台阶上。柱子上是敬天，台阶上是祭地，香炉里是祭祖先。全家都要烧香，拜一下，把香插在上面。我们会在正厅前面的一个窟窿点三支香敬天地，左边（大边）点一支香，右边（小边）也点一支香，公婆龛里面点五支香，这是以前祖宗交代的。顺便要倒酒倒茶，六个杯子里面装三茶三酒，先敬茶后敬酒，茶杯在前面。香炉里面插两双筷子，可以让逝去的人接收到供奉，两侧还有金银纸花。人去世的时候要剪下眉毛和指甲，用红纸包好，男剪左，女剪右。放在一个新碗（没有编号、没有名字）里面，再盖上一个酒杯，然后在上面点上一根香，放在遗体前面烧一两天，烧完之后把那个红纸包放在香炉里面，祖宗的"灵魂"就会进入里面接收到香火了。我们从（20）15年到现在搞了十几次活动，祖先保佑我们都很平安顺利。❶

（五）风俗礼仪

1. 日常俗事

　　除了祭祖，正厅也是举行其他仪式习俗的场所。为小孩祈求平安、成年人祈求好运、老年人祈求功德等，在日常生活中渗透于当地人的生命礼仪中，展现了庄寨民间信仰的质朴表达。

　　我们做平安是在正厅里面做的。小孩子出生的时候不好养，会哭闹，要过几个关，比如夜哭关、清水关（怕掉到河里、井里）、汤火关（怕被灶台的开水、火烫伤）。❷

　　家里添丁、过满月、过关，都会来这边做平安，祈请家人平安。谢天地在各家办，过关每两三年办一次，祈请陈靖姑保佑孩子平安长大，这是福建很

---

❶ 来自永泰县东洋乡周坑村绍安庄族人的访谈。
❷ 来自永泰县同安镇洋尾村爱荆庄族人鲍道龙的访谈。

有代表性的地方。还有老人过寿做功德。主要就是这么几个（仪式）。❶

2. 红白喜事

尽管庄寨中的族内后人多已搬出，但对于人生礼仪如嫁娶、丧葬均会回到厅堂中进行，告知祖先，以表示尊崇，同时祈求祖先保佑。红白喜事是人生重要的节点与时刻，而庄寨见证了人们的一生。

过去人死了之后，棺材要放在后厅，快要抬出去的时候，会有最后一次祭拜大礼在棺材旁边，（祭品）包括猪头、鸡，别人要站在门前祭拜。我们这边只要不是横（意外）死的，死后别人都可以去祭拜，称为"公"。❷

没搬出来的时候，在正厅办一些红白事。办白事的时候，进祠堂之前（遗体）就放在正厅。人搬出去之后就不办了，那里很破烂，不能办。现在修好之后也不在那边办了，完完全全托管给村里经营。❸

因为厅堂供奉着祖先，在庄寨的族人看来，婚庆丧葬等人生礼仪需要遵循传统的仪式，按照一定程序在祖先的见证下完成，告知先人，求得保佑。在婚丧嫁娶的仪式中，厅堂、天井也可以作为摆设宴席的场所（图 3.11）。

图 3.11　长安庄中的订婚宴席

有两个兄弟 10 月份要在这里办婚礼，他们认为老家在这里，祖先在这里，一定要回来办。现场有一个"大胡子"，是比较懂礼仪的，让他负责摆桌子，

---

❶ 来自永泰县霞拔乡下园村容就庄族人黄修基的访谈。
❷ 来自永泰县同安镇洋尾村爱荆庄族人鲍道龙的访谈。
❸ 来自永泰县嵩口镇月洲村宁远庄族人张进蒲的访谈。

也是亲戚。族人带着婚庆公司的人一起在商量怎么布置。❶

结婚办酒也会在这里，摆四五十桌没问题，二楼也可以摆，小孩子出生一般都会回老家办酒。❷

年轻人结婚的时候还会回来。我四哥的三个儿子都是回来结婚的。这是我们的祖宗、爷爷盖的房子，结婚的时候会在厅堂上点三炷香，告诉爷爷"我结婚了"，向他报个喜。这是社会的延续，比较传统一点。结婚的时候先行天地，二拜先祖，三夫妻对拜。还有满月酒也会把亲戚朋友全部请回来，也要告诉祖先，点三炷香。❸

（回来结婚）大多是老一辈人的想法，老人认为祖先在这里，所以要回到这里办。丧事方面，住在这里的会在这里办，外迁的那些不会。结婚的会回来向祖先敬礼。❹

年轻人都怀念祖宗，有深切的感情。如果没有的话，捐款也捐不出来。他们结婚的时候还要在这里拜祖宗。酒席在这里办得比较少。七月半大家也会来这里祭拜。❺

随着年轻人对婚礼仪式多样化与个性化的追求，在庄寨举办婚礼不仅是出于传统观念、风俗礼仪等因素的考虑，还日渐成为在外工作、生活的年轻人的一种时尚选择。

我看朋友圈，从（20）14年到现在特别多在庄寨中办婚礼的，一是家里亲戚多，在庄寨中办就近方便。二是有些寨子翻修过以后，场景环境都更有派头。现在年轻人追求个性化、多样化，中式婚礼也多了。❻

3. 节庆游神

永泰地区的神明信仰表现在类型丰富多样的仪式活动中，在特定日期的年节祭祀礼仪会达到全民参与的规模，如游神仪式。❼游神的起点是供奉的庙宇，"神明"由穿上特定服饰的信众抬请而出，在村子中环

---

❶ 来自永泰县同安镇同安村嘉禄庄族人的访谈。

❷ 来自永泰县东洋乡周坑村绍安庄族人的访谈。

❸ 来自永泰县红星乡西寨村西陇庄族人徐寅生的访谈。

❹ 来自永泰县白云乡北山村北山寨理事会会长何亦星的访谈。

❺ 来自永泰县霞拔乡下园村容就庄族人黄修基的访谈。

❻ 来自永泰县嵩口镇松口气客栈经营者谢万玲的访谈。

❼ 陈毅香. 民间信仰视角下的永泰庄寨仪式空间探析 [D]. 武汉：华中科技大学，2019.

绕转圈，挨家挨户地到信众的家中接受供奉添香，为信众及其家庭带来平安。

平时供奉在两个庙里面，有白马大王、石县大王、马公、卢公、仙妈（仙妈供在背后那座山）、文状元，游神路过的时候每家每户门前要接香，插在"神"的香炉里面。❶

每年元宵节都有游神，游的是我们这边的地头神。整个村很多人参加，有老人有小孩，敲锣打鼓化妆，早上开始游，从下寨那边过来，路过谁家就放在路壕，点个香，保护家人的平安。❷

如果村子较大或"神明"游巡的路线较长，则晚上将"神明"停靠在信众家中，信众需要提供更高规格的供奉以示虔诚和尊敬。

正月初四游神，把三爷公从庙里抬到寨子，家族会在正厅烧香、点烛、上贡品供奉三爷公。因为"神"晚上到我们这里过夜，一定要供奉猪头，然后初五早上再送到下一处。子孙都会回来参加，（20）14年三爷王来过我们这一次。上次是2018来的，我们这边轮流请。❸

祭神明有几种祭法，正月十五游神的时候在这过夜的话就在这祭，如果在神庙做的话就在神庙祭，还有在土地庙里祭的。❹

在"神明"巡游的路径中，锣鼓声、鞭炮声、仪式乐声共同营造出神秘而又喧闹的氛围，将人们置入仪式环境中，极大地强化了族群归属的身份认同感。❺

（六）维护修缮

庄寨承载着家族的过往与辉煌荣耀，也维系着族人们对于故乡的情感。随着社会经济水平的提高，现代化的生活成为人们的基本诉求。此外，由于家族人口不断增长，"独立门户"成为族人们普遍的发展形式，寨内族人逐渐搬出，有于寨旁新建住房者，更多的则是离开乡村到城市生活，庄寨也因为普遍

---

❶ 来自永泰县东洋乡周坑村绍安庄族人的访谈。
❷ 来自永泰县霞拔乡下园村容就庄族人黄修基的访谈。
❸ 来自永泰县梧桐镇椿阳村椿园庄族人陈岩端的访谈。
❹ 来自永泰县同安镇洋尾村爱荆庄族人鲍道龙的访谈。
❺ 周佳欢.族群认同视域下的桑植白族"游神"仪式音乐研究——以麦地坪白族乡"十月十五游神"为例 [J].南京艺术学院学报（音乐与表演），2016（1）：143-150.

存在的"乡村空心化"问题而空置下来。尽管有些庄寨由于年代久远、经费难筹等问题在风雨灾祸中逐渐飘零衰败，更多的情况则是寨内族人对庄寨的保护与延续。在族人、当地政府等社会各界力量的支持下，人们通过各种方式守护着祖先苦心营建的庄寨。

房屋的修缮保养历来都是庄寨族人的传统，庄寨的居住者平日里也会对建筑进行简单的定期维护，如更换漏雨的瓦片、除草等。

（修容就庄）不是一年两年的事情了，每一代、每一辈都有修，这个修缮是有传统的，一辈接着一辈。房子漏雨了，这里就修一下。大修大概有两三次。(19)86、(19)87年大修了一次，当时屋面漏水严重。(20)16年马路、大操场都崩塌了，李建军教授在这里指导我们进行了修缮。❶

（北山寨）维修过两次，前十年组织寨子里凑了上万块，维修了正厅的瓦片等。耳房的维修要花大笔钱，我们没办法。当时是自己想办法修的，理事会还没成立。❷

一些庄寨由于长期无人居住，保存状况并不十分理想。有些庄寨只有几户人家，且居住者多为老人，只能保证日常的维护，无力全面修缮。另外，由于庄寨大量运用木构材料的特点，保存至今的庄寨大部分已经到了需要全面修缮的阶段。数年前，一些庄寨已经到了随时有可能坍塌的程度，部分庄寨的主体结构已经破败得所剩无几。此外，除了庄寨建筑本体材料的加固与更换，对老旧附属设施的改造与更新也是十分紧迫的。

他们那个（族人都搬出来）之后庄寨（宁远庄）已经倒掉了至少三分之二，只留下正厅，是经过老人的回忆和描述修复的，当时是由李建军老师设计的。❸

（成厚庄）早期还没有托管的时候，我们拿供奉张圣君的香火钱把张圣君神像周边维修了一下。厨房、正厅大概修了一下。我们自己也有集资，2009年集资把整个庄子破烂的地方修了一下，把瓦片、砖什么的修了一下。2012年政府组织我们族人一起回来开会，政府想要招商引资。2013年的时候政府代管，代管之后都是由政府维修的。我们族人这两年都去镇里居住了，好像把

❶ 来自永泰县霞拔乡下园村容就庄族人黄修基的访谈。
❷ 来自永泰县白云乡北山村北山寨理事会会长何亦星的访谈。
❸ 来自永泰县嵩口镇月洲村书记曾巩荣的访谈。

成厚庄扔掉了一样。不去修复的话还会倒塌一部分，好几个地方马上要倒，有很多地方的瓦片需要修。❶

（绍安庄）最应该修的是屋面瓦片、楼板、电线改造、防水、后山防洪沟。❷

1. 修缮的初衷

当被问及为何要保护庄寨时，村民们并没有特别的大道理，他们朴素的愿望就是不愿意让祖先留给后代的房子倒塌，纵然大多数庄寨已无人居住。

北山寨在十年前村里就自己开始做了修缮。北山寨理事会会长何亦星说："祖先留下来，我们后代让它破败不去修，心里过不去。当时我们千方百计想办法，认为就是不能让它倒塌，不然老祖宗会怪我们，'这些晚辈怎么这么没本事'。"❸赤岸村王姓村民表示："祖先盖的老房子，不愿意让它倒下来"。❹我们曾询问嵩口镇芦洋村的一位村民庄寨对他的意义，他说："成厚庄人口那么多，人丁兴旺，风水很好。我们的祖宗建（的庄寨）那么好，我们不能让它倒掉。"❺下园村的黄修基先生是容就庄的寨外族人，并非从小居住在容就庄。尽管他并不拥有容就庄的产权，却带领族人坚持修缮。他说："修缮是为了纪念老祖宗的东西，这是老祖宗辛辛苦苦盖给子孙的。这后面有一副对联，就是祖宗用来告诫我们后人的。"❻昇平庄的鄢守德先生则说："文物很重要，习近平主席也很重视文化。我们祖先盖这么大房子，虽然（现在）破坏很多，但还是很完整，我们当儿孙的应该尽自己的力量去维护。我（19）96年从城关的企业退休，今年81岁了，一直在搞公益事业。我们是从麟阳搬过来的。荣寿庄那边的会计是我，这边的出纳也是我，我从（20）14年搞到现在。"

2. 参与的人群

修缮的过程也是族人重新凝聚的过程。在乡贤、族人的号召下，大家重新关注已经岌岌可危的祖宅。参与的人，从一开始少数的热心族人到已经外迁

---

❶ 来自永泰县嵩口镇芦洋村成厚庄族人的访谈。
❷ 来自永泰县东洋乡周坑村绍安庄族人的访谈。
❸ 来自永泰县白云乡北山村北山寨理事会会长何亦星的访谈。
❹ 来自永泰县丹云乡赤岸村王姓村民的访谈。
❺ 同❶.
❻ 来自永泰县霞拔乡下园村容就庄族人黄修基的访谈。

的族人，从留恋故土的老年人到在外谋生的年轻人，从本族族人到其他地区的宗亲，超越了时间与空间的限制，体现了庄寨家族文化带来的凝聚力，以及人们对于家园的认同感和归属感。

我小时候很早就出去读书了。谢绍钦对村子的功劳很大。我们本来是一盘散沙，在他的号召下，在修祠堂的过程中，逐渐开始发掘历史文化。❶

（修爱荆庄）第一年的时候钱不多，第二年捐的人多了。二房（共五房）也来了。我们把外面倒塌的地方都修了，大门先做起来。过年前喊大家一起拿钱出来。那时候木工的工钱都没有，先让他修着，快要过年的时候把钱收齐给他。当时是非常艰难的。我们自己修了三四年，到第四年有钱的年轻人也回来资助，每个人都出个一万、五千的，募捐到比较大的数额。几年前（2009年）我们去安徽、浙江、河南等地方开鲍氏宗亲会，他们也很关心，但是没有拿钱。我们（宗亲里）有很多专家，有个专家叫鲍世行，他说"我一定要想办法帮你们搞起来"。他联系台湾的专家来开会，开了会之后影响很好。我们的修缮还得了亚太地区文化遗产保护优秀奖。❷

3. 资金的筹办

维护修缮，资金是基础。各个庄寨及其家族经济条件不同，有些庄寨族人财力雄厚，资金筹备不是问题，有些则面临着资金筹备的困难。永泰县村保办（永泰县古村落古庄寨保护与开发领导小组办公室，简称村保办）为了激励族人参与保护的积极性，鼓励族人出资献力，采取了"以奖代补"的机制，给予族人与自筹资金金额相应的奖励补贴。

（修缮资金）主要是族人集资，几百块几百块凑起来。（20）16年村保办资助了两次，一次十万，一次八万。理事会还没成立的时候也资助过两万，用于防火和安装监控。❸

趁正月大家还没有外出的时候，我们召开了寨里的村民大会（2016年成立理事会之后我是副会长），目的主要是看村民的心热不热，村保办也参加。会开得差不多就号召大家捐钱，也有人主动说要捐钱，当天捐了一百多万。过了一个星期，村保办通知我们去开会，说"你们村民很热心，管理的人也很有

---

❶ 来自永泰县盖洋乡珠峰村珠峰寨族人谢志道的访谈。
❷ 来自永泰县同安镇洋尾村爱荆庄族人鲍道龙的访谈。
❸ 来自永泰县霞拔乡下园村容就庄族人黄修基的访谈。

能力，给你们 50 万"。我们兄弟就很高兴，我们就商量砍木头怎么砍。我们自己有杉场，但县里有规定，不能随便砍，是有限制的。为了庄寨的修缮，我们找县林业局审批。我们理事会讨论如何砍木材，砍哪一家的，砍多少给多少钱，不能乱砍。❶

对于修缮，由于庄寨后人众多、产权复杂，有时候人们难以达成统一的意见，尤其是一些迁到外地且长久未曾还乡的族人更难以统一意见。但由于正厅属于公共财产，供奉着所有人的祖先，正厅的修缮受到所有庄寨族人的重视。

我们那边还有两家反对修缮。我们就说大厅是公共场所，属于大家共有，祭拜你来不来我不勉强，但是你不来修缮的话以后正厅就没有你的份了。最初修是很艰难的，当时 1 户人家出 150 元的现金和 1 棵 4 米长的树，我们先把正厅修起来了。我们的二房搬到洋中了，就没有让他出钱。当时有 67 户出钱了。维护修缮的难处之一是村子里普遍是年龄较大的老人，年轻人回乡也只有在过年与祭祖的时候。生活不便是年轻人不愿回来的原因之一。❷

除了族人众筹资金与政府的奖补机制，有些庄寨在分家析产时有专门的祖产用于庄寨的维护修缮，将公共的营收作为庄寨维护的资金，这种情况比较少见，却也不失为一种可行的方法。例如升平庄❸，过去镇区街上的许多店铺都归属于庄子里的族人，后来只剩下三间，如今族人们就拿这三间店铺积累的租金修缮庄寨以及用于庄寨日常的养护。

在政府层面，除了村保办，"美丽乡村"等建设工作也在改善乡村条件与庄寨的维护修缮中发挥了巨大的作用，其对于农村环境的综合整治成为庄寨环境维护的重要组成部分。

最先是家族自筹，把屋顶瓦片翻修了一下，后来政府给了二三十万，修了防洪沟、公厕、两边排水沟，楼上走廊木板更换、栏杆更换。族人筹了两三次，一共筹了 40 万左右。❹

（宁远庄）抢救性修缮一共花了 350 万左右，大部分是由村保办出资的，

---

❶ 来自永泰县同安镇三捷村仁和庄族人的访谈。
❷ 来自永泰县同安镇洋尾村爱荆庄族人鲍道龙的访谈。
❸ 升平庄位于永泰县大洋镇大展村。
❹ 来自永泰县东洋乡周坑村绍安庄族人的访谈。

村里也拿了一点儿。在"美丽乡村"的资金中拿了几万块做污水处理等设施，（20）17年传统村落资金里投了30万用于修缮。❶

村里修了一下外墙。村里之前"美丽乡村"一共有400多万，分到椿园庄大概几万块。❷

（20）15年"美丽乡村"建设的时候，情况是全乡最好的，全村所有的房子全部做了改造，每家每户出几万块钱，修建的瓦片全部是自己买的，工钱和其他（费用）来自"美丽乡村"的资金。虽然集资有限，但"美丽乡村"（建设）的时候跟大家说一定要把祖厝修起来。现在几十号人的思想不统一，否则已经全部盖起来了。如果把庄寨做起来会是一个亮点，如果不能恢复保护好则是一个缺陷。盖起来后怎么利用，要从大局出发。周边水泥房子不要再盖。下雪的时候风景很美。❸

4. 修缮的工艺

除了修缮和维护的资金，匠人和工艺的断层、缺失同样是庄寨保护传承面临的一大难题。庆湖庄族人在自家修缮、改造的过程中不禁感叹，不仅在修缮木质结构时没有工匠能够独自完成整个流程，能够完成传统屋面修缮的工匠也已经不多。

我们自己住肯定要修的，地板、地面硬化、天花板吊顶、外面墙壁粉刷。屋面先修，只要上面不漏，下面就不会坏。这个房子是我太爷爷再往上一代盖的，当时起码盖了二三十年。现在会修这种屋面的人不多了。修屋面三、五、八万，不用很多钱，材料不用很多钱，就是工钱贵。我原来就是盖房子的，我家修房子换了好多木工，因为不是这里不会做就是那里不会做。都是老人在做，年轻人不会做了。❹

对于修缮的形式，许多庄寨族人也表达了自己的看法，希望能够尊重乡村的传统文化，在设计上能够符合乡村的地域文脉，培养本地工匠，继承传统的工艺与法式。

对庄寨进行修缮的时候要传统、协调。我觉得刷土黄色的墙比较好，或

---

❶ 来自永泰县嵩口镇月洲村书记曾巩荣的访谈。
❷ 来自永泰县梧桐镇椿阳村椿园庄族人陈岩端的访谈。
❸ 来自永泰县盖洋乡珠峰村珠峰寨族人谢绍钦的访谈。
❹ 来自永泰县大洋镇大展村庆湖庄族人鄢绍彬的访谈。

者是白色的。❶

　　艺术活动、设计下乡对乡村振兴的作用是响应乡村振兴，但是真正去做的时候，不能违背传统文化，不能说水泥倒上去了，不锈钢、琉璃瓦做上去了，这样是错的。要遵守乡村的文化，包括建筑文化、礼仪文化、耕读文化。即使乡村没有出过文化名人，但是要遵照传统去做。现在好多年轻人没有这种（认识）。好多设计团队没有把握到这一点。"美丽乡村"违背传统文化去美丽是错的。在庄寨后人看来，庄寨最核心的地方是建筑，建筑不能变，建筑的概念不能变，原来是木作，现在的修缮不能用钢构去做；传统工艺不能违背，不能大面积用钢结构、铝合金等。不能用现代的材料、现代的技术来随便替代传统建筑，那就违背了传统，就不叫作传统文化，也不叫作传统村落。当时建房子的工匠、石匠是本地的，木匠是大洋的，姓汪，他住在这里几十年，（还是）小孩的时候到这里，一直到结婚生子。❷

二、传统与知识：匠人述说的建造技艺

　　永泰长期以来就是建筑之乡，其传统建筑营造工艺被美誉为"永泰工"。团队在调研中通过访谈传统工匠，研究永泰庄寨在选址和建造过程中的习惯，记录大木匠艺、小木匠艺、屋面与墙体建造等传统工艺的特点、施工方式，为《导则》的编制与保护修缮奠定基础，并在保护过程中实现本土传统工艺的传承。

（一）选址与建造

1. 庄寨选址

　　永泰庄寨在选址过程中极为重视"风水"，勘测山形地势后，按照主家意见、财力等确定建造的选址、规模。至今，在爱荆庄等多个庄寨中依然保留着当年依风水选址的古书（图 3.12）。庄寨建造时的选址往往具有好的象征和寓意。

---

❶ 来自永泰县东洋乡周坑村绍安庄族人的访谈。
❷ 来自永泰县红星乡西寨村西陇庄族人徐寅生的访谈。

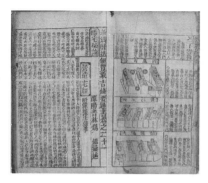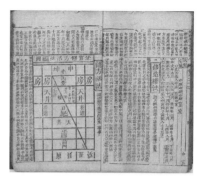

图 3.12　爱荆庄中保存的堪舆书

注：图片由鲍道龙提供

　　爱荆庄的风水布局是依照阴阳五行与二十四节气设计的，爱荆庄门口的山形地势分别寓意"白鹤衔书""虎衔肉案"。爱荆庄的水口布局分别代表水、火、土、金。雨水由后院水口（水、立春）❶流入，由地表或地下的排水管道分别流经正厅天井（火入土出、小暑）、下落厅天井（火入土出、立秋），进而汇聚庄外，沿水道汇流到角楼（金、冬至），最后排离。❷庄寨大门的方位也需要考虑地势和风水（图 3.13）。❸

图 3.13　爱荆庄正门前的山形地势

　　除爱荆庄，很多庄寨也有同样的风水考量，如竹头寨。

　　竹头寨主人先养狗，后养牛，接下来买田收租，经过两代人的积累之后逐渐发家致富，在此基础上建造竹头寨。传说建房始祖的曾祖父曾到江西赣州

---

❶　受访者解释，堪舆中对水口位置有一系列的规定，以五行命名，也代表了不同的节气，下文括号中亦是。

❷　来自爱荆庄族人鲍道龙（大木师傅）、鲍道鉴（地理先生）的访谈。

❸　来自爱荆庄族人鲍道龙（大木师傅）的访谈。

学习风水，用了十八架罗盘考察风水定位。●

　　建造时充分考虑风水。竹头寨周边有七十二峰屏障，外圈为虎狮屏障，内圈为龟蛇屏障。建造前，先根据风水上水的来向、去向和峰峦形势，取多吉少凶的定位点，定位封经石，并使三块封经石处于一条直线上，用于确定整个庄寨的中轴线。❷

　　庄寨的兴建除了考虑建筑本体的风水，还要考虑与祖屋之间的关系。由三捷村张氏的搬迁过程可以很好地看出对整体风水格局的延续。张氏肇基三捷的第一所住宅是新安庄。张氏始祖迁自河南，首先在福州落脚，随后迁至永泰嵩口镇月洲，后来迁至同安兰口，再到高高厝（方言音译），这是张氏在同安镇的总祠堂。1793年季良公由同安搬迁至三捷村，于此地建设新安庄。季良公生一子，名行丰。行丰生三子，三子集资建起青石寨。青石寨与周边环境航拍图如图3.14所示。

图3.14　青石寨及其周边环境

　　青石寨里有祭拜行丰公的祠堂，而新安庄则是祭拜季良公的祠堂。新安庄建筑左侧有厢房，右侧无，大门位于右侧，祠堂右侧无横屋，左侧有两排横屋。由于现在新安庄只作祭祀用，房屋年久失修，受损严重。新安庄外围正面有一半月形池塘，池塘寓意"面前有资产"，池塘储水意味着留住钱财。对比之下青石寨从建立起就没有此类池塘。除宅前池子外，三捷村还有其他的很多风水讲究。❸

　　青石寨附近三捷桥的设置有风水讲究：三捷桥所连接的山丘形状似

---

❶ 来自竹头寨族人黄大锐的访谈。
❷ 来自竹头寨族人黄修朗的访谈。
❸ 来自青石寨族人张曾全的访谈。

牛，因此风水上把三捷桥拟作绳子，"绳子"的另一端种有一棵树，三捷桥看似连接了山丘和树。这种做法的寓意为：将牛拴在树上，牛就跑不掉，有一种"拴财"的含义。沿着新安庄面前的溪流顺流而下，原来有三个榨茶油的油庄，曾经青石寨以农耕和贩油茶为生，（20世纪）50年代后油庄废弃。❶

2. 建造工序

庄寨的建造遵循着一定的程序。从相地选址到最终建成，需要经过一系列的流程，在这些过程中也有一些礼仪、规范。调研中对庄寨的建造工序进行了初步的调查。

庄寨的建造顺序大致如下 ❷：

1）主家选择拟建的位置范围。

2）请风水师看风水、选地，包括周边的山势、河流等环境，确定院落朝向。

3）木匠根据主人要求设计图纸，并制作篙尺。

4）确定封经石位置，在封经石上标明与子午线相同的十字形，确定院落中轴线。

5）在后山高于拟建造房子高度的位置打"定山符"（图3.15），唱吉祥歌，举行仪式。"定山符"的位置不必和封经石轴线一致。

6）用地秤以封经石为基准找各柱标高平面，确定两侧官房、六扇、八扇柱子的位置、高度、大小、数量（必须为单数根柱子），放柱础。一般六扇与八扇之间有防火墙，若有财力则可以建到八扇，否则建到六扇的防火墙即可。

图3.15 定山符

7）用地秤定位，直到寨门。

8）同时进行：①在地基上打桩砌石，一般深50厘米，在四周砌毛石，填充碎石，最上面覆方形条石，将柱础放至条石上；②挖方，土地平整。

---

❶ 来自青石寨族人张曾全的访谈。
❷ 根据爱荆庄族人鲍道龙、鲍道鉴和大洋镇木匠何进标的访谈整理。

9）制作木构件，按照以下顺序组装：先用一川把所有的柱子穿起来，插上骑童，再穿上二川等构件，把一扇梁架拼好，用一根长竹或长木钉固定。同理，组装好第二扇梁架。

10）将正厅两侧各一整扇梁架扶起，用枋进行榫卯连接，选择良辰吉日举行上梁仪式。

11）安装木质墙壁，铺设楼板，逐步向上，定椽子，铺瓦。

12）正厅建好后即可"请"回"定山符"，放至公婆龛保存。

13）房间建造的基本顺序为：①正厅、官房、二房、三房；②书院、下落厅、上落厅及书房、围屋、围墙。

3. 建造尺度

房屋的建造尺度受到房主要求、投入资金及院落空间等因素的影响。正厅、官房、二房、三房之间的比例是固定的，大木师傅需要对房屋的整体布局、尺度与比例进行定夺和权衡。确定后，大木师傅会制作篙尺，标注各种尺度，用于施工。

盖房子要先定正栋的高度，然后定其他高度，定宽。房间宽一丈一六、一丈一八。后座、前座需要通盘考虑高度，书院高度（最高位置、正脊的高度）不得高于正座檐口。❶

图 3.16 爱荆庄的两根篙尺

永泰的很多庄寨中依然保留着当年的篙尺，一般架在前廊柱和前门柱之间的前廊一川上，部分庄寨会置于前门厅或下落厅。由于年代久远，篙尺上的字迹基本不可辨别。在爱荆庄现存两根篙尺，一短一长（图 3.16）。通过访谈得知，原本另有一支五尺长的篙尺，称为五尺篙，现已遗失。通过对两根篙尺进行检查，发现篙尺上仅有部分文字可以辨认。其中，短的一根篙尺细头一端有一面写有"五子登科"，长的一根篙尺有一面每隔一段距离写着从"进一"到"进十九"，靠近"进十九"的端头上写着"招财进宝"。经过测量，基本可以确定"进"字的"辶"底部为刻度标尺。爱荆庄的篙尺尺寸见表 3.1。

---

❶ 来自嵩口镇成厚庄大木工匠陈步佃的访谈。

表 3.1　爱荆庄的篙尺尺寸

篙尺	长度（厘米）	粗头端尺寸（厘米）	细头端尺寸（厘米）	备注
短篙尺	544	5.5×6.5	4.5×4.5	细头写有"五子登科"
长篙尺	585	7×7	5.5×5.5	"进"字的"辶"底部为刻度

篙尺主要用于定平方米与纵向尺寸：

篙尺有五尺篙、副篙、长篙三种。五尺篙长五尺，用于上山伐木、量取木材，方便携带。副篙长度与正厅的面阔尺寸一致，用于控制面阔和进深的平面尺寸。长篙用于控制垂直构件的高度。长篙为六面长方体，四个侧面用于标记不同方向的尺寸。一面是标准尺寸，一尺一尺进上去，剩下三面分别控制左、右、后三面的尺寸。在永泰当地，站在正厅往大门看，左面用"东"来表示，右面用"西"来表示。长篙的一端会用万年宝盖等吉祥纹样装饰。❶

除了篙尺，木匠还常常使用鲁班尺与丁兰尺。

古代有四种尺制，在古建施工当中有两种尺制：丁兰尺（又名玄女尺）和鲁班尺。鲁班尺有八个字，分别为财、病、离、义、官、劫、害、本，依次循环。5.4 厘米一个字，八个字一共 43.2 厘米，43.2 厘米等于一尺。平面尺寸不能使用"官"与"财"两个字，只能使用"义"和"本"两个字。高度上使用"财""本""义""官"四个字。丁兰尺用于庙宇、台阶石座、木桶、家具、坟墓等。丁兰尺的尺寸系统要小于鲁班尺的尺寸系统，这样使得家具能够通过建筑的门。❷

庄寨的门窗尺度也有一系列的规范。

庄寨正大门宽度一定是鲁班尺中的"义"字。正厅分为生死门，死门为建筑朝向的正厅右侧，生门为左侧。死门宽度为鲁班尺中的"官"字，庄寨中只有这个门为"官"字；生门的宽度一般为鲁班尺的"财""义""本"字。❸

4. 建造与修缮费用

庄寨建造的费用现在已经难以考据，访谈中主要对修缮的费用加以了解。

---

❶　来自爱荆庄大木师傅鲍道龙、大洋镇木匠何进标的访谈。
❷　来自大洋镇木匠何进标的访谈。
❸　来自木匠张学银的访谈。

某庄寨修缮的造价：①瓦。买别人家的老瓦价格为大瓦 0.8 元，小瓦 0.5 元，现在如果要在瓦窑定做，手工的大瓦大概要 3 元，小瓦 1 元。②木料。木料分为老木料和新料。老木料一公斤 2 元。但老木料不好用，因为目前的老木料一般都是建造年代距今少于 100 年的房子上的，木料较小。新料，尾径（小头）在 22~25 厘米的柱子一立方米 2000 多元，其他的木板一立方米 1000 多元，和柱子相比直径差不多，但稍短。木工人工费 300 元 / 天。③毛石。当地产，一立方米 450 元。垒石墙人工费一立方米 150 元。垒石墙总共有约 900 立方米。❶

另一个庄寨的上落厅的木柱大量更换。大门屏门已更换。在霞拔乡有专门的窑烧制定制大瓦，一块约 1.8 元。其他普通瓦一块 1.3~1.5 元。人工费用：木工一天 360 元，盖瓦一平方米 60 元。❷

（二）大木体系

1. 大木构件

永泰大木体系具有一定的地域性特征（图 3.17），如在建筑词汇等方面与其他地域有一些差异。通过与陈步佃、鲍才坚、鲍道龙、嵩口的郑师傅等大木师傅访谈，可以总结出永泰大木的基本用语，详见图 2.33。

图 3.17　永泰庄寨的大木体系

---

❶ 来自某庄寨理事会理事长的访谈。
❷ 来自某庄寨理事会副理事长的访谈。

除了名称，永泰大木技术还有一些其他的地域性要求：

对于民居而言，特别是厝，不一定要单数根柱子，可以按照实际需要增加减少变为双数（种德堂有10根柱子）。盖房子要先定正栋的高度，然后定其他高度，定宽。房间宽一丈一六、一丈一八。后座前座需要通盘考虑高度，书院高度（最高位置、正脊）不得高于正座檐口。书院一层楣到楼板上面，成为"地杠"。❶

若为七柱的建筑，它们的名称分别为前廊柱、前门柱、前付柱、正柱、后付柱、后门柱、后廊柱。木匠会根据个人习惯自己定名字，但大体上符合上面的规则。❷

其他还有一些构件，在当地也有一些惯用的称呼：①屏柱，公婆龛前屏风两侧的立柱；②屏门，其他地方又称为后门；③油漆插，有三竖纹的瓜柱；④平方板，正厅两侧的板壁墙；⑤棋盘堵，书房前侧下部的板壁墙；⑥充柱，在其他地方又称付柱；⑦猪母梁，猪母梁位于房间前檐下方，面对房子朝里看，猪母梁的头一般都在右侧；⑧楼杠，支撑楼板的横木，从进门的位置看去一般是横向的。❸

地杠与贴契：①地杠是楼层转换结构的重点，为二层楼板提供支撑。地杠的安装需要贴契、穿枋、柱等构件的支撑。地杠搁在穿枋上，穿枋插在贴契和柱子上，通过这一系列的交接实现横向受力向垂直方向的转换。②贴契既是结构构件也是正厅的装饰构件，普通房间里则没有。③使用竹钉将贴契钉在柱子的中线上，按柱网轴线对称分布。朝向房间内部的半边用于结构构件交接，朝向正厅的半边则用于支撑竹骨泥墙和白灰粉刷。穿枋穿在贴契上，只占用贴契内半边，在正厅外看不见，同时也稍稍插入柱身，以加强稳定性。穿枋和贴契外皮之间留有1.2寸左右的空隙，用于竹骨泥墙和石灰粉刷。这样二层楼板的受力得以解决，而正厅的美观和粉刷墙面的完整也不会因为楼板（穿枋、地杠断面等）的出现受到干扰。❹

轩有很多种类型，主要包括两块板、三块板两种形式，又可以分为直板

---

❶ 来自成厚庄大木工匠陈步佃的访谈。
❷ 来自嵩口镇大木工匠郑师傅的访谈。
❸ 来自爱荆庄鲍才坚和鲍道龙、成厚庄陈步佃、嵩口镇郑师傅的访谈。
❹ 来自成厚庄大木工匠陈步佃的访谈。

与曲板两种。曲板弧形的弧度因房而异，但类型基本相似。宴魁厝的轩以木条插入枋中，上铺木板，两个均为弧形。本地把轩叫作卧 suó，本地工匠也不知道怎么写这个字。前有小院，正门有木屏风，正厅有轩，轩上仝柱的位置有四组琵琶造型的雕刻。轩上多以雕刻装饰。❶

庄寨的廊轩如图 3.18 和图 3.19 所示。

图3.18　九斗庄的廊轩　　　**图3.19　福隆居的廊轩**

2. 大木维护与修缮

永泰庄寨有清洗与维护的习惯，定期或不定期地组织族人集体清洗庄寨（图 3.20）。

图3.20　爱荆庄族人清洗庄寨

我们也会用清水冲洗，用刷子刷。之前是两三年洗一次，现在是每年洗一次。这边的风俗是农历十一月扫墓，十二月初一之后就可以洗房子了。善庆

---

❶ 来自嵩口镇郑师傅的访谈。

堂两三个人洗五天可以基本完成。洗后木质的观感和手感都很好。具体洗的方法如下：①把洗衣粉稀释后沾水刷，可以用刷子，一定要沿着木纹刷；②用清水洗干净；③用毛巾擦干。❶

对比较难清洗干净的地方，也可以采用一些特殊方法清洗干净。

过去用稻草、谷壳及山上的某种草，加水，用来擦洗庄寨的木构。❷

随着近几年庄寨受到重视，越来越多的庄寨开始得到修缮。这些修缮方法有些是通过师徒传承流传的技法，体现出地域性特征；有些是工匠在各种工地上学会的"新方法"，并非规范的修缮技术，在没有特定的修缮规范的情况下工匠也常常使用。

在修缮选材时，大木以杉树为主；小木作雕花，主要是樟树，较坚硬，易于雕刻塑形。❸

对于大木木料，一般木头都会裂一点，常常不处理。①替换的新木头如果不剥皮就用容易生虫。若剥皮后整根直接用作木柱，则容易开裂。若锯成木板状，则不容易裂。②若木料有裂缝，一般要等到柱子裂到一定程度再补。现在常常使用桐灰（桐油掺灰）填缝，用抹布缠好，外面再涂东西。③替换的木头要晾干，太晒或太潮湿都不行。④不仅可以墩接柱底部分，也可以接柱上部。换柱头的部位不能在一条直线上，要隔着换，这样才不容易滑动。❹

对于柱子开裂，会使用藤条固定。柱子上绑黄藤是为了不让裂纹变大，不是不让柱子裂开，裂纹不可避免。❺

在新替换木柱时也可以用藤条缠绕约 3 圈，强化木柱结构（图 3.21）。藤条两端深入在木柱上事先打好的小洞内，约 4 厘米深。沿着藤条钉入小铁钉（原来常用手工钉），用来固定。藤条一般从台湾购买，少量来自四川，一斤 20 多元。❻

很多庄寨在修缮时会采用做旧的方法对新替换的木构进行处理（图 3.22）。

---

❶　来自善庆堂族人张福陞的访谈。
❷　来自爱荆庄族人鲍道龙的访谈。
❸　同❷.
❹　同❷.
❺　同❷.
❻　来自昇平庄族人鄢振斌的访谈。

图 3.21　藤条加固　　　　　　　　图 3.22　做旧处理

　　去年修缮的木料经过做旧处理，也就是刷一层颜色和旧原木色相近的漆，有五种配料，但配方保密。做旧后太阳会晒到的部位就刷白乳胶。❶

　　更换的斗拱也可以做旧。某庄寨换过 18 个斗，做旧的方法是：做好形状后埋在水田里，用泥盖好，一个月后取出，洗净晾干，再安装上去。❷

（三）小木体系

　　在选材上，小木工匠会选用樟木进行加工，制作成门窗、家具等。

　　我们小木师傅选材做雕花时多选用樟木，因为它们比较硬，缺点是几十年后易生虫。大木师傅常用杉木，因为不易生虫。伐木时间多为每年 7~8 月，其他月份砍伐易生虫。砍后需用 2~3 年晾干，没晾干的木料用来雕刻容易产生裂纹。我们可以通过称重的方式判断木材是否干透。若构件裂开，可用木片或石膏填充于裂缝处，然后上漆，这样不易被看出来。在未干情况下上漆易开裂。❸

　　我们两位都是小木师傅，主要做家具，包括橱柜、桌椅、床，但比较少做大木雕花。工序大致为先搭好结构框架，随后完成雕花，再拼合组装。小木的榫卯尺寸一般为一分半到八分不等。❹

　　格扇门是永泰庄寨装修装饰的重要组成部分，一般在庄寨的厅堂、厢房等位置使用，以精美的细木雕花为特色。门扇上一般雕刻传统故事教育族人，

---

❶ 来自爱荆庄族人鲍道龙的访谈。
❷ 来自宝善庄族人的访谈。
❸ 来自张元淼师傅的访谈。
❹ 来自鄢良斌、鄢守枫师傅的访谈。

或者雕刻花草、金钱等寓意富贵吉祥。镂空雕花的门窗有两个缺点：一是私密性不佳，二是在冬季或雨天使用不便。永泰庄寨的格扇门采用可滑动的门板，在天气晴好时放下格扇门后的木板，以利于采光通风，夜间或有风雨、天气寒冷时升起，便于保暖，并提高私密性。木板通过两侧的滑轨抬升与放下。在门板中部有一个可旋转的小木块，抬升时顶住木板，保证其不会滑下（图 3.23）。绍宁庄、萃美庄都有此类格扇门窗的遗存。此外，很多庄寨中都保留有样式丰富的什锦窗（图 3.24）。

图 3.23　格扇门后的木板推上、放下时的状态

图 3.24　庄寨中多样的什锦窗

（四）屋面

1. 屋面举折

永泰庄寨同中国其他古建筑一样，在梁架层叠加高时用举架的方法使屋

顶的坡度越向上越陡，从而呈曲面，以利于屋面排水和檐下采光。在永泰，木匠师傅们有相近的"算水"标准（图3.25）。

　　屋面起翘做法此地称为文水、算水。常用的加水、减水均约为3厘米。❶

　　庄寨的正面与背面算水不一定相同，有时正柱两侧柱子数量不同，后侧柱子数量多于前侧，因此屋顶后侧较长并且平缓，前侧较短。❷

　　算水从檐口往屋脊算或从屋脊往檐口算，一般檐口的水是二八水，接下来是三零水，三二水……以二递增。南方民居最多到四八水。或者二八水，三一水，三四水……以三递增，最多到四八水。❸

　　总的斜角正切值常用3.8（永泰的大房子基本上都用3.8），部分较短的会用3.6。每个细条的正切值从需要的开始（多用2.8），之后每个加0.3，直到正柱。❹

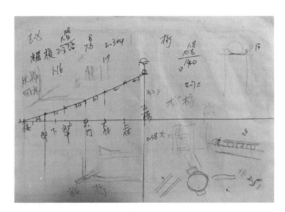

图 3.25　调研中大木师傅为研究团队手绘的图纸

2. 椽子

除了屋面举折有要求外，永泰的椽子制作、间距等也有一定的要求。

正厅中央前后坡的四条椽子必须是通长的。比如爱荆庄，前檐椽长8米，后檐椽长9米，前檐短一些，一方面使正厅高敞，更加美观，另一方面寓意留给后代子孙多一些。椽子铺好以后上封檐板，会在四条通长的椽子和封檐板之

───────────────

❶　来自爱荆庄鲍道龙、鲍道鉴的访谈。
❷　来自爱荆庄鲍道龙的访谈。
❸　来自大洋镇木匠何进标的访谈。
❹　来自成厚庄陈步佃的访谈。

间夹上布条，名为五种袋，里面盛有五种作物的种子、钱币等物。❶

椽子的数量与开间尺寸有关。先定开间，后算椽子的数量。椽子间距一样，到边角时可以调整。❷

椽子间距大约为 3.3 寸（10 厘米），椽子宽度也约为 10 厘米。❸

椽子之间常用的间隔是 17 厘米，工匠初步算料时以一丈（3 米）18 根椽子计算。在施工中椽子之间的缝隙可以根据实际调整宽窄。❹

在永泰，封檐板的固定方式也有相应的习惯。

封檐板要用钉子固定，钉为竹钉与铁钉，交错钉成。竹钉不完全钉入，留一截钉头暴露在外，铁钉完全钉入。这么做的寓意是希望家里添丁。封檐板钉在每根椽子上五个钉子，代表五代同堂。❺

封檐板应高出 1 厘米，这样的做法使瓦片看上去衔接自然。❻

在椽子之间有时会使用望板。关于是否使用望板及望板的使用位置，在永泰观察到有三种情况。

第一种位于正厅的外檐，椽子上部叠一片薄木板，两侧用铜钉钉住（省垟寨用圆的光滑的铜钉，粗细 2 毫米，长 4 厘米，容就庄则大部分用手工铁钉）。薄木板上每隔一块以凹形向上放置一片瓦，两片瓦之间凹面向下盖一层瓦。第二种位于二楼室内，薄木板在两根椽子之间，每隔一块凹面向上放置一片瓦，两片瓦之间凹面向下盖一层瓦。第三种位于二层室外走廊，没有薄板，直接每隔一块凹面向上放置一片瓦，两片瓦之间凹面向下盖一层瓦。❼

是否使用望板、使用多长的望板，与主人的经济状况、心理需求有关。

3. 屋脊、灰塑

永泰庄寨常采用龙舌燕尾脊装饰屋脊，特别是厅堂的屋脊。部分庄寨会在书院等其他房间也使用这样的屋脊。在当地，龙舌燕尾脊也被称为"翘脊""燕尾脊""喜鹊脊"等（图 3.26、图 3.27）。尽管各乡镇的师傅对此称呼

❶ 来自爱荆庄鲍道龙、鲍道鉴的访谈。
❷ 来自龙镜庄黄修德的访谈。
❸ 同❶.
❹ 来自嵩口镇郑师傅的访谈。
❺ 来自张学银师傅的访谈。
❻ 来自昇平庄鄢振斌的访谈。
❼ 来自龙镜庄黄氏族人的访谈。

并不相同，但是做法与工艺有相近之处。如果翘脊较小、较短，可以在内部用手工铁线或竹片支撑，外部用贝壳灰或石灰塑形，安装至屋脊。如果翘脊较大、较长，则会使用瓦片逐步堆叠，塑造出需要的翘脊弧度，外层再使用贝壳灰或石灰抹匀固定。

图 3.26　中埔寨的翘脊

图 3.27　荣寿庄的翘脊

喜鹊尾，把瓦片锯成需要的形状，按弧度堆叠，最后抹贝壳灰。❶

嵩口镇前厅厝已于1996年因电线老化烧毁。从现存房间上翘脊破损部位可以看到，翘脊最内层是很细的铁丝，大约长1米，做成适当的弧线，外层用石灰塑形，做好后安装上。❷

翘脊起翘制作工艺：先把瓦改成需要的大小，并将瓦片（在水中）泡透，然后用壳灰包裹塑形。❸

翘脊的工艺：①在屋顶的脊线上拉一条平衡线，两端固定，线的正中以铅锤下拉；②两侧的端点同时提升10~20厘米，提升高度一致；③在屋脊上铺瓦；④沿平衡线两端伸出手工打造的铁丝，沿铁丝抹白灰，塑层起翘，稍微内收。❹

翘脊的瓦叠起来，上层比下层向外5厘米，挑出去，然后抹灰。❺

固定瓦片，用瓦一点点叠出尾巴。瓦与瓦之间贴在一起的比例随弧度的大小而变化。外部用白灰加麻筋造型。最后的翘脊涂抹石灰，干后锯出最高点

❶ 来自爱荆庄鲍道龙、鲍道鉴的访谈。
❷ 来自嵩口镇郑师傅的访谈。
❸ 来自爱荆庄鲍道龙的访谈。
❹ 来自鄢礼球师傅的访谈。
❺ 来自昇平庄鄢振斌的访谈。

的小弧度。❶

制作翘脊的材料可以用白泥（当地又称"橡皮泥"，是农田腐殖质层之下的黏性较强的泥，可以用来做泥塑）、白灰、细砂，再加入一些糯米浆，然后塑形，制作翘脊。其中，白泥占70%，其他材料占30%，可以适当调整。❷

翘脊构造为三层，中间层为竹条（起拉结筋的作用，宽度为1~1.5厘米），上下两层贴瓦，上下层瓦片相错。黏合材料为壳灰灰浆，灰浆里会加砂、麻筋。壳灰与砂比例约为1:2。灰浆应较厚，不加砂会开裂。❸

在庄寨中，厅堂、书院、围屋的屋脊常常并不相同，一般厅堂的正脊结构更复杂、高度更高、尺寸更大。正脊使用青砖、铺瓦堆叠而成，最后抹灰。

正脊中间有瓷质的小罐子，内有水，可镇火神。❹

正厅正脊结构：最下层是沿椽子方向的瓦，盖瓦下填黄泥，旁边用半瓦堵住，避免滑动。上一层放三层沿屋脊方向的铺瓦，再上层横向铺青石砖，再上层铺三层瓦，再上层顺着屋脊铺两层青石砖，再上层铺三层瓦，再上层用黄泥粘青石砖压瓦，用灰勾缝。❺

正脊的材料：以前原工艺内部填充材料用黄泥，有时会加稻草，勾抹材料是壳灰、砂子和麻混合，在一定范围内麻越多韧性越好。❻

保护与修缮中翘脊会面临一些问题。

翘脊若用白灰＋水泥，可能会吸收少量水分而导致膨胀，可能露出钢筋，导致胀裂。❼

翘脊内部若用铁线支撑，有可能随湿度、温度的变化而膨胀，撑裂外部灰作，久而久之，日晒雨淋，翘脊就破坏掉了，露出内部的铁线。当雷雨天气，位于台地上的庄寨正厅最高点的翘脊如果露出铁线，可能会导致雷击。❽

4. 选瓦与铺瓦

瓦在庄寨屋面中使用量很大。有人居住时，每隔几年就要检查屋面瓦的

❶　来自白云乡黄师傅的访谈。
❷　来自昇平庄鄢振斌的访谈。
❸　同❷.
❹　同❶.
❺　同❷.
❻　同❷.
❼　来自爱荆庄鲍道龙的访谈。
❽　同❷.

情况，更换破损的瓦片，堵住漏雨点。在调研中发现，不同时期瓦片的大小、厚薄等不同。在仁和庄的调研中发现有四个时期的瓦片，其规格存在较大差异，年代越久远的瓦片越厚、越大（图 3.28）。

图 3.28　不同年代瓦的大小与厚度比较（从左往右年代递减）

修缮中有时会购买其他被拆除的老建筑的瓦片。

过去烧瓦用柴，现在用煤。瓦烧过火会开裂，火候不足则不够密实，容易漏水。据荣寿庄鄢会长介绍，现在修缮除了使用自家屋顶拆下来的瓦外，一般会购买别人家的老瓦（大部分是中华人民共和国成立后烧造的瓦），很少买瓦窑的瓦，因为新瓦质量不好，较小较薄。老瓦是手工生产的，新瓦一般是机器生产的。在砸瓦的时候，一般将自家的瓦放在屋顶中间的位置，买来的放在两边。❶

本地的老宅多用大瓦。❷

过去的瓦窑在大洋山沟里，当地瓦色偏青。昇平庄用旧瓦，旧瓦来自旧房子（拆迁或民房）。荣寿庄用瓦量较多，需要特别定制。由于前期工作还没完成，目前还没购买。❸

除了使用老瓦，有时在修缮中也会多方比较，选择一些规格相近的新瓦。以仁和庄的修缮为例，其选用的新瓦片规格为厚 0.6 厘米、长 24 厘米、宽 23 厘米，在很大程度上与旧瓦规格相当（旧瓦规格为厚 0.8 厘米、长 24 厘米、宽 23.5 厘米）。

新的好瓦片采购自梧桐镇往嵩口方向的老窑。张副会长说，他们选择瓦

---

❶ 来自昇平庄鄢振斌的访谈。
❷ 来自鄢礼球师傅的访谈。
❸ 同❶.

片的时候首先会观察仰瓦是否漏水，其次瓦片厚度要达到要求，重量也要达到一斤半。部分屋顶有压瓦砖，压瓦砖青砖价格为 2.4 元一块。人工铺设瓦片，每平方米几十块手工费。它们价格比较高，但质量很好。❶

爱荆庄的屋面修缮一平方米大约需要150块旧瓦片。❷

铺瓦时，使大的一头在上、小的一头在下。当地常采用"压三"或"压四"的方式铺瓦（图 3.29）。

图 3.29　清扫屋面灰尘与铺瓦施工

瓦有大小头，从上到下时小头在上面，大头在下面，这样水量比较大时也不会溢出。❸

压瓦的"压三"，即第三块瓦搭在第一块瓦瓦尾，常用这种。"压四"，即第四块瓦压第一块瓦瓦尾。❹

为了防止瓦片被风吹跑，会使用压瓦砖、压瓦石。压瓦砖行数必须为单数（三、五、七）。压瓦方式有插花与不插花两种，插花方式为前后两行互相错开压瓦。❺

压瓦砖并不会铺满瓦片。青石寨的瓦片排布方式为压 2/3。瓦片规格对比露 1/3，依层排布，因此屋顶瓦片层比较厚，能有效防止瓦片被吹落。❻

---

❶　来自青石寨张曾全的访谈。
❷　来自爱荆庄鲍道龙、鲍道鉴的访谈。
❸　来自昇平庄鄢振斌的访谈。
❹　同❸.
❺　来自张学银师傅的访谈。
❻　同❶.

5. 瓦的制作

以前永泰有多座瓦窑、灰窑（烧制石灰或贝壳灰），近些年随着经济的发展、环保要求的提高，永泰的瓦窑逐渐减少，但制作工艺还有所保留（图3.30）。

（a）让牛踩取出的黄土，发酵　　（b）装车　　（c）取出小土块，踩入模具

（d）刮去多余的黄土　　（e）刮子找平　　（f）刮平后的土坯　　（g）土坯堆放在一起，晾干后烧制

（h）瓦窑烧制　　（i）瓦窑中烧好的成瓦　　（j）烧制前后大小对比

图3.30　嵩口镇制瓦流程

当地俗语"火焰烧上去，没收先欠钱"，指订瓦片要先付定金，窑场用定金购买土、柴及付给工人工资。烧制后瓦片变白，说明有小裂缝。❶

一些窑烧制贝壳灰（壳灰），烧好后往壳灰里加入麻筋，放少量水，用木

---

❶ 来自爱荆庄鲍道龙的访谈。

槌一直捅，直到出油，就可以使用了，十分坚固。❶

目前永泰用传统做法的瓦窑只有梧桐镇有，双溪村有瓦窑遗址。烧瓦工艺：在选材方面首先要选黏性高的黄土（允许掺少量砂），不能掺小石子和其他杂质。选好的黄土需要牛踩至少一整天，提高黄土的黏性。之后把黄土倒入木制的模具（图 3.30）中夯实，用铁丝刮掉并抹平凸出模具的黄土，拿出夯实过的土坯。将夯实过的土坯向下甩到凸起的瓦窑地面（地面是与瓦片弧度相同的夯土，每一落夯土间隔约 10 厘米），并撒上草灰，烧制。❷

目前烧制的瓦片采用正方形的模板制作，生土边长为 27 厘米，烧制后缩小为边长 24 厘米。这种规格的瓦片每片 1.5 元。如果定制，需要同老板谈。❸

（五）墙体

1. 垒石墙

永泰县石材资源丰富，常作为修建庄寨的原材料。大漳溪的河床孕育了储量巨大、易于开采的砾卵石、石英石，它们大量分布在大洋埔头、同安洋尾等地，在霞拔、清凉、盘古、长庆一带亦有储藏。优质花岗岩则分布在同安坂头，红星、梧桐汤埕，开采的条石可作为民用建筑石材。仁和庄使用的辉绿岩在县内分布亦广，在嵩口至大洋、清凉一线多有分布。这些石材多用于砌筑垒石墙（图 3.31、图 3.32）。

图 3.31 万安堡的垒石墙

图 3.32 成厚庄的垒石墙

---

❶ 来自爱荆庄鲍道龙的访谈。
❷ 来自青石寨张曾全的访谈。
❸ 按照对制瓦工人的访谈整理。

石匠在砌筑垒石墙时会遵循以下原则：

①大石块在外，里面用小石头填充。②宽的面放上下，适中且平的面放外面，这样更容易坐稳。③过于尖的角要凿平，总体上是把尖角朝向里面、朝上。④有些石头会把中间稍微敲掉一些，变成微微的哑铃形，更容易放稳。或者敲制成类似锥形，细部朝向内侧，两排毛石呈对叉状，中间的间隙用较小的毛石填充。毛石朝向外侧的那一端一般会用铁锤凿平，使整个墙面平齐。⑤最底层和最顶层要凿平。⑥转角处把大头放在外面，小头放在里面，经过几块石头，自然可以转角。⑦中间除了碎石外还可以填土，填充缝隙。⑧总而言之，就是靠石匠观察，像拼图一样，找出合适的石块。如果没有，就凿一个。❶

在这些原则的基础上，石匠会依照施工场地的具体情况选择合适的施工方式。❷

1）垒石墙的地基视土质情况而定，需要至少下挖到老土以下30厘米。若土质松软，则需要先打桩，填实后再垒石。

2）若采用松木向地下打桩，一般以2~4根为一组，每面墙下以两组承托，柱头上沿墙的走向垫两根以上的木头，下方用碎石或泥土填充，直到与平放的木头相平。

3）选择大块长条石，长短石板交替铺设。最下面一层石板的底面要平整，上面是否平整不重要。若没有长条石，则应当选择大块石材，将较平的一面朝向地面，铺第一层基础。应尽量将长短或形状不一的石头互拼，铺完后用10斤重的铁锤分别敲打石头，若有空隙用石片填平。

4）铺第二层时，第二层的石头尽量接触多片第一层的石头，便于力的传递。

5）向上垒石。内外两侧用大石块垒砌，一些缝隙用小石块填补。无论大小，每块石头至少要接触三块其他石头，才能保持稳定（图3.33）。

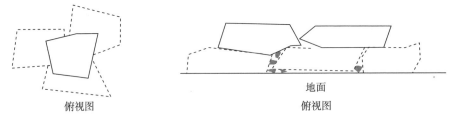

俯视图　　　　　　　　　　　　　俯视图
（虚线为底层石块，实线为二层石块）　（虚线为一层石块，实线为二层石块，灰色部分为垫入石块间的碎石）

图 3.33　垒石方式示意图

❶ 来自爱荆庄的石匠、陈其煌师傅、鄢振斌师傅、鲍道龙师傅的访谈。
❷ 此部分内容根据陈其煌师傅、鲍道龙师傅的访谈整理。

6）依次垒石，按照 10°~12° 的倾角垒到需要的高度，角度不宜超过 16°。石墙两侧的坡度必须一致，否则墙体不稳定。

7）将最上层石块的顶面凿平，上面可以夯土。最上层用稍小一点的石块。顶层若不平整，夯土容易掉屑。

垒石施工现场如图 3.34 所示。

转角处的垒石也有特定的要求（图 3.35）。

转角处的石块凿成（或选取）一头大另一头小的石头，小的那头放内侧，大的放外侧，可以很自然地转过来。要注意在转角处的石头从上到下摆放成一条直线。除此以外，不用其他特殊工艺。❶

图 3.34 垒石施工现场　　　　图 3.35 转角处的垒石方法

2. 夯土墙

夯土有一整套工具，且有各自的本地名称。❷

夯土的夹板我们称为"墙斛"，一端固定，称为"斛头"；另一端用类似漏斗形的工具固定，工具名称为"斛骑"，土名"三羊"，用樟木制作，用法为用一根木柱先卡一头在槽子里，另一头用锤子使劲锤，直到卡死的位置。

斛头和三羊的宽度可以调节，民房一般用 37 厘米、48 厘米的宽度，宽度再宽也可以，但较少采用。斛头上有突出的木板，上画垂直线，在使用时挂铅锤，用作观察校准。板上端加一层竹片，防止木槌直接敲到板上而损坏。板中部有一组抓手，尾端也有一组抓手，用于搬板子。

夯土时，墙斛下部放置两根一头大一头小的木棒，比墙斛宽度长 10~20 厘米，插在墙斛之下、已经夯好的土墙之上，支撑整体，避免墙斛整体掉落。

---

❶ 来自昇平庄鄢振斌的访谈。

❷ 此部分内容根据鲍道龙、鲍道康、鄢振斌等的访谈整理。

木棒两侧可以挂上挑土的箕子。夯好一段后将木棒从大头处抽出，用土将洞堵上。中间有洞没关系，上层的土会慢慢沉积下来，而且不会有影响。

斛头内部两端是 3 厘米的三角形，夯长墙时中间部分不用，在夯墙头时用。这样可以避免把墙头做成直角，因为直角容易开裂。

墙斛其他部分用杉木，因为杉木比樟木轻。杉木墙斛重达一百多斤。

墙拍：用于侧面打墙，把墙凸出的部分打回去。

锤子：较长，中间收口，方便抓握。

竹洗（刮子）：用于修平墙面（小范围修整，不用于修整夯偏了或太突出的墙面）。

部分夯土工具如图 3.36 所示，夯土施工现场如图 3.37 所示。

图 3.36 部分夯土工具   图 3.37 夯土施工现场

夯土墙的夯筑过程如下[1]：

一般为 7 人夯土，其中，5 人挑土，1 人主夯，站在板上，另外 1 人当助手，负责加土和开板。

夯土材料为本地的黄土，内掺细毛竹、瓦片，甚至有一定比例的木材。墙斛要夹墙 7 厘米以上，一面夹太少会把顶层的土挤破。每一层在夯筑时土层中都可以加木条，增加拉力。

夯土不是夯完一面墙再夯另外一面，而是夯完一个板高的土后水平移动，夯土首尾相接，直到夯完完整的一圈，提升一定高度再夯。

端头也要骑缝打，即第一圈夯土时尾端打成 45° 的斜坡，打一圈后再打

---

[1] 此部分内容根据鲍道龙、鲍道鉴、鲍道康、鄢振斌、鄢礼球等的访谈整理。

这个缝。第一圈夯完后第二圈反向旋转夯土（若第一圈围绕庄寨顺时针夯，则第二圈要逆时针夯），这样才能保障各个 45° 的缝互相骑住，不会开裂。

墙面转直角时直接将夹板转向，斜头朝外，斜骑一头的板顶住已夯好的墙，直接夯即可，两面墙之间夯实后不会出现接缝。到转角处，拆开夹板，旋转 90°，贴紧后再夯土。缝隙可塞泥封死。

夯土的进度与气候有关，一般一天最多夯三层，每层 40 厘米（模板高 40 厘米）。晴天干燥需加水，保持土壤湿度在一定范围内。若一天夯超过四层，下层的夯土容易散开。

接缝、圆弧处采用立式夯法。

如果因为尺寸或坡度原因，板可以倾斜或立起来夯土。在接缝处，缝小于板的宽度，则把墙斜立起来，斜头在上，斜骑在下，固定好后从三羊固定那侧加入土，同时在这边夯，直到夯完、填平，完成后看不出缝。

圆弧处也用立式夯法。由于斜头有 5 厘米的移动范围，在圆弧处外侧板可以多伸出一部分，内侧板不动，一点一点旋转、夯土、旋转，直到完成圆弧。❶

一些庄寨会在夯土墙中放置柱、梁枋等。

转角包在土里的柱子，可以先把土夯好，再按照柱子的弧线刮掉土，然后安柱子，再细处理、填缝等。也可以把夯土夯成直角，然后把柱子放在旁边，用泥抹进去，看似夯进去一样。

被墙完全包裹的柱子，夯土时预留柱的位置，经过修饰后把柱安放到预留的位置。直墙中的半柱露出一半的柱子，可以先把土夯好，再按照柱子的弧线刮掉土，然后安放柱子，再细处理、填缝等；或者在不能夯的位置把预先制作好的夯土砖摆上去，再涂泥等。

对于插入墙中的梁枋，快夯到木头时，等木工扶扇，之后把梁枋放在夯土墙上，再接着夯土。由于土墙会沉降，应当注意放在墙上的一端比插在木上的那端高，一层 5 厘米，二层 7~8 厘米，然后继续夯。❷

夯土的整个过程中会举行一些仪式，在夯土中也有一些要求。

墙斜制作好后会进行祭祀鲁班的活动，祭品有猪头、公鸡、百果和酒等。另外，夯土相对比较危险，每天夯土时，早晨开工前一个小时不能说话，以防

❶　来自爱荆庄鲍道龙的访谈。
❷　来自鲍道龙、鄢振斌的访谈。

有人说出脏话，不吉利。❶

　　在一些庄寨的修缮中，新夯筑的土墙有时会出现开裂等问题，王金华教授经现场调研，分析开裂原因，提出了应对方案：

　　新夯筑土墙产生裂缝的主要原因：①夯筑土含水量过高，土的黏性大，夯筑后水分散失导致开裂。②每一层夯筑高度偏高。筑板高40厘米，每层夯土高37~40厘米，在不能夯实的情况下过于松散。③夯土的劳动力年龄偏大，平均年龄在60岁以上，受到体力限制，不能把土夯得特别实。

　　对策：①夯筑的土提前5~6天用透气性好的稻草等闷熟，调节含水量。②在夯筑时横向与纵向均加入枝条，增加拉结力，这样即使产生裂缝，在结构上也能够保障安全。③减少每一层夯土的高度，建议每层夯土8~10厘米，让老年劳动力也能把土真正夯实。❷

　　3. 挂瓦墙

　　挂瓦墙又称瓦钉墙，即用竹钉将瓦片钉在夯土墙上，一方面可以防止雨水对夯土墙体造成破坏，另一方面也是永泰庄寨重要的装饰符号（图3.38）。

图3.38　中埔寨挂瓦墙面与彩绘装饰

　　将挂瓦用的瓦中间用小钻子一点点钻出小孔，然后用竹钉穿过小孔，将瓦钉在墙上，再用壳灰或石灰制作成菱形覆盖在竹钉尾部，最后用石灰勾缝。

　　瓦钉墙的竹钉长约五寸，一头留成大头，一头削尖，削成六角或八角状。竹钉一般会经过炒制再使用。❸

---

❶ 来自鲍道龙、鲍道康、鄢振斌等的访谈。
❷ 来自复旦大学王金华教授的现场分析。
❸ 来自鲍道龙、鄢振斌的访谈。

4. 墙面装饰

有一些庄寨有彩绘、对联等装饰。这些彩绘基底质地坚硬，由壳灰制成，再在其上绘制彩绘，或书写对联。基底层的制作工艺如下。❶

主要材料：壳灰＋麻筋。

主要做法：①传统工艺中，先把麻袋、麻绳切断，然后用手搓细，动作类似于在搓衣板上搓衣服，再打松。②把壳灰和麻筋混合，逐渐加水并不断搅拌，直到混合得较均匀。③把混合物放在石板上反复捶打，直到出油。④安放或涂抹到指定的部位。⑤充分干燥后，用颜料绘制所需的花纹。

5. 竹骨泥墙

竹骨泥墙在庄寨中很普遍，通常与木板墙搭配使用。竹骨泥墙中间以竹片编制，两侧涂抹草拌泥，最后用白灰抹面（图 3.39）。

竹骨泥墙的安装顺序大致为：①安装纵向较宽的木条。②安装横向稍窄的木条（由于纵向木条上有凹槽，推测是斜着安装横向木条的）。③将竹条一根根地编上去。④涂抹草拌泥。⑤待草拌泥干透后在表层抹白灰。❷

6. 草拌泥

草拌泥是制作竹骨泥墙的主要原料。

图 3.39　竹骨泥墙（抹泥前）

草拌泥的制作方式：①在田里放上水，把稻草切碎，放入水中。②每隔 5~6 天翻搅一次，使稻草在水中腐烂。③约 20 天后，稻草呈现半腐烂状态，捞出稻草，把水笾干，用担子挑出泥。④把泥放在硬地面上，用脚滑着踩，踩到收水时就产生黏性了，以看起来都是草、看不出土为上品。⑤将草拌泥抹在墙上，晾干即可。⑥若稻草比较新鲜，则需要多泡几天；若腐烂，则少泡几天。稻草泡太久或过于腐烂会导致草拌泥的粘结性不强、拉力不够。⑦稻草与泥的比例应当适宜，稻草过多则影响黏性，过少则墙容易开裂。❸

---

❶　此部分内容根据鲍道龙师傅的访谈整理。
❷　根据绍安庄黄氏族人的访谈整理。
❸　根据鲍道龙、鄢振斌、鄢礼球等的访谈整理。

在一些庄寨的修缮中，部分竹骨泥墙出现了颜色偏深、容易开裂、竹骨松动等问题。探寻原因，是由于制作时加入的砂、草筋较少等。此外，应当在草拌泥彻底干燥后再用白灰抹面。

7. 三合土

三合土是常用的建筑材料，但不同庄寨修缮的工匠使用的成分不一致，有的使用白灰（25%）、砂（15%）、草浆（草拌泥浆，60%）[1]，有的使用石灰、砂、黄泥，比例为 1∶2∶1[2]，有的配方为白灰＋很小的石子＋纯的硬黄土（具体比例不详）[3]。调研中，未见到庄寨修缮使用的三合土使用了糯米和鸡蛋清。

三、介入与延续：多层级人群影响下的庄寨保护利用

永泰先民兴建庄寨，使居住的家园具有更强的防御功能，成为荫庇子孙后代、维系宗族关系的重要场所，承载着族人在不同历史时期的使用功能与情感寄托，其社会价值延续至今。随着社会的发展与城镇化进程的深入，乡村的空心化成为无法回避的问题，永泰庄寨目前大致呈现以下几种状况：一些庄寨作为凝聚族人力量、满足精神需求的场所，至今依然是举行祭祀、婚礼等重要仪式的空间；一些庄寨仍维持着居住功能，作为部分当地村民生活起居之所；一些庄寨随着人口的迁出逐渐闲置；一些庄寨则通过功能的流转和置换，开发了旅游、会展等现代产业，谋求经济效益。永泰庄寨数量多、分布广、体量大，不同层面人群的介入和影响为其价值的延续与活化利用带来了机遇，也带来了挑战。我们希望从不同层面人群的视角记录和传递当下社会人们对于庄寨保护利用的观念和想法，以探知人们对于庄寨活化利用的诉求和动因。

（一）村民

庄寨的辐射和影响远不止局限于庄寨内，更涵盖了其所在的乡村和广大村民。因此，村民这一主体既包括庄寨族人，也包括庄寨周边的居民。

---

[1] 来自爱荆庄鲍道龙的访谈。
[2] 来自昇平庄鄢振斌的访谈。
[3] 来自鄢礼球师傅的访谈。

对于庄寨保护利用的理解，一些村民侧重其物质性的价值，追求可量化的经济价值与资源价值，希望通过庄寨的开发利用改善地区及自身的经济条件；一些村民则更加注重庄寨对于人们情感与文化上的意义。

庄寨的意义是可以告诉下一代中华民族怎么存续，社会怎么发展。我们中华民族怎么存续下来的，社会怎么发展的，要把下一代人引过来，才能告诉他们这些事情。❶

由于经济条件不尽相同，不同地区的群体对于庄寨的修缮保护与活化利用存在着不同的看法。由于人力、物力、财力有限，村民认为，找到便于日常维护且切实可行的方法是庄寨保护的首要任务。

靠我们自己的力量只能修补修补，我们也没有钱。我们的力量不够，只能简单维修一下，把瓦片盖一盖，把漏雨的地方修一修，其他的我们也没办法修。❷

对于为什么要保护利用庄寨，有些村民主要为家族、为后代们考虑，希望庄寨能够继续庇护子孙后代，凝聚人心；有些村民则希望庄寨作为村里的文化地标能够带动旅游发展，发挥社会效益，助力村子的发展。

寨子对我们来说是祖宗盖的，对村里的两三百人来说很重要，修好了以后可以"旺人"，村民在外面如果难以生存，回来了也有个住的地方，起到兜底的作用。我们欢迎对寨子进行宣传，也欢迎外面的人来参观。如果收费的话可以给他们暂住，但不能长期住。❸

我最大的愿望，就是实现容就庄"三位一体"的发展，把容就庄整个修复起来。今年村里有几个大工程：公路拓宽、美丽乡村、传统村落、容就庄保护等。这让下一代人共同向往我们的村庄，吸引本村的人常回来看看。❹

肯定希望再修缮起来。修完之后，外人和族人走进去看起来比较完整、比较舒服。很多游客来这边看银杏林，但是就一两个小时，再加上逛古寨的时间，就可以留客人在这里吃饭、住宿。村里可以开旅馆、"农家乐"，经济条件就比较好了。❺

---

❶　来自永泰县白云乡寨里村竹头寨族人黄修朗的访谈。
❷　来自永泰县嵩口镇芦洋村成厚庄族人的访谈。
❸　来自永泰县盖洋乡珠峰村珠峰寨族人、珠峰村老书记的访谈。
❹　来自永泰县霞拔乡下园村容就庄族人黄修基的访谈。
❺　来自永泰县盖洋乡珠峰村珠峰寨族人谢枝仁的访谈。

对于如何发展利用庄寨，村民们普遍立足于现实条件，希望在克服不利因素的基础上以切实可行的方式谋求发展，大体有以下两种意见。

（1）以利用促保护，发挥教育意义

现在所有权还是按照以前的，公用的地方还是属于公用的。等房子的功能上来了，我们希望最好有人来投资，来了以后怎么做以后再讲。27号我们这里准备开一个会，住建部也会来。没有开发旅游不行，我们这边来管理的人一个月2000块，不开发的话难以为继。我们也不会要求很高，希望可以永远保持下去。没有钱就付不起经费、电费。比如这次开会，我们还想办法办一个晚会。现在只能让孩子们捐款，孩子们过年都回来的。❶

去年想包出去做"农家乐"，但因为人多，大家意见不一样，无法统一。有的人愿意做，有的人不愿意。我是愿意的，我就希望（通过"农家乐"的收益）可以帮着修房子，保持好就行，修好之后可以白给人家用。❷

我自己是土生土长的，现在任何庄寨的事情我都要赶回来，虽然（平时）不在家里。国家也给予传统村落大力支持。庄寨关键的是让人家记住乡愁。让庄寨恢复完整是我从小的心愿，也有一种很深的乡愁在里面。庄寨搞起来花了九牛二虎之力，也不是很容易的事情。生产队的时候明官寨（竹头寨）破落了，卫生也很差劲，现在恢复起来变成一个崭新的明官寨，总体架构比较完整了。每个乡亲的心里都得到满足，特别是留在家乡的人。让年轻人也记住乡村，把这些古迹留下来。以前生产力那么不发达，为什么祖宗可以盖这么厉害的房子，他们的家风、家训也起到启示和教育的作用，重点在这里，这是非常重要的教育意义。关键是承前启后，教育下一代，忆苦思甜，让历史遗迹永久保留，但我们不能停留在这个水平上，下一步还要发展。让城里厌倦了城市生活以及有乡愁的老人回到农村在这里休闲生息，回味过去的文化、乡情，让他们感受到幸福，因为我们几千年的文化遗留下来都会沉淀在这些房子里面。这也符合习主席提出的"记住乡愁"，让年轻人受到深刻教育，把历史的文化保留下来。加上现代发展的理念，作为教育、休闲活动场所，以其他乡村发展的模式来借鉴。我们理事会和乡亲互相沟通，才达到这些共识。但是现在农村里的人思想比较保守，眼光短浅，这些都有待提高。私心比较重，比较注重现实

---

❶ 来自永泰县同安镇洋尾村爱荆庄族人鲍道龙的访谈。
❷ 来自永泰县梧桐镇椿阳村椿园庄族人陈岩端的访谈。

和切身利益，看得比较短，没有长远的眼光，（别人）就不太愿意投资。❶

（2）通过功能置换促进经济发展

例如，以经营民宿、"农家乐"等方式，在政府的引导与扶持下结合发展文化旅游、康养旅游及其他新型农村产业，促进经济的发展。

让城里人来感受农村的乡愁、乡情。这里有景点景区，有水电站、博物馆，有竹头寨，有文化沉淀，离福州近。现在公路只有6公里就能接到我们这，到福州要修一条县道，县里面有规划。我们永泰县就是我们白云乡最好，其他地方虽然经济好，但是我们白云文化底蕴最丰厚，还有景区。我们要和旅游团队接轨，以老人、生态农业来带动。关键是没钱，他们（村民）也看不到发展的前途，最好政府能够来投资。❷

如果国家和政府能够支持，趁着全域旅游的契机，我们想把容就庄做成民宿。这里有一百多个房间，可以整修起来利用。下面有个书斋（牛角楼），在书斋上面可以搞一个展览馆。我们家族留下的契约很多，都收在各家各户，最早的有康熙年间的契约书，保存得非常好，在政府的共同支持下，我们想办一个展览，把这些契约展示出来。再下面还有一个油坊，现在油坊的车坏了，我们打算把它重新修起来，也做展示用。那里还有碓米的碓子，是用水力带动的。附近山里的老百姓种了很多茶籽，可以加工茶籽油，有丰富的营养成分，还有米等农产品，如果旅游发展得好，可以带动这些产业。我们想是这样想，但还是要靠政府牵头。❸

问题就是这里交通有点差，发展也差。每做一件事都要靠人，年轻人都跑了，没有吃到甜头。现在种茶叶什么的，资本赚大头，对本地村民来说没有太多实际收益的东西。我们一边还是修缮，配合村里面。春节之后开村民代表大会，门前看得到的地方统一不准乱种，种油菜花，公家买种子、化肥，收入是你的。中央电视台可能下半年还会来，推广我们青石寨发展的经验。先把油菜花推广出去，等人家有印象之后，我们上面还有茶叶山，种有特色的东西，把客人带到上面逛一逛，看看当地有什么东西。至于说未来要怎么赚钱，我们想，不要一开口就说赚钱，先推广再考虑赚钱。要想做这个事情要动动脑筋，要取经，把地利用起来，规划好。如果自己真的做不来，再和村保办谈，租给别人开发也可以。我的想法是借鉴好的经验，慢慢发展。不能走得快，一步一步来。❶

庄寨未来的发展，单单靠我们家族的力量不够，首先要靠政府主导，外部企业、财团来支持。可以建民宿、开"农家乐"，增加我们周坑村村民的收入。要连续运转保护我们的庄寨。我们这里的局限性在于比城关远，交通不便、景点单一，需要专门的企业来投入资金打造。民宿的话庄寨也可以做一部分，后落一排可以做，房间比较独立，采光也好；也可以利用周边空闲的房子，租下来打造。我们也正在申请国保单位。❷

庄寨的传承与发展，人是关键。庄寨的保护利用离不开广大宗亲族人和年轻一辈共同的坚持和参与，这是村民们普遍的认识。

人生做事的准则是千万不能违背国家法律，个人意识不能凌驾于国家法律法规之上，有的人已经尝到这种苦头了。国家的政策法律法规要遵守。宗亲的力量在社会治理中也有推动作用，比如我们做族谱、春祭秋祭，都是在宗亲的范围内去做，还有闹元宵、过年祭拜、七月半回来祭拜先祖。这也是传统文化，是我们这种乡村的魂。每个人都有家，有回望的地方，做这个大家都是欢迎的。❸

我们年轻一代不管在上海、福州、厦门，对我们"一寨九庄"都非常热心，都想把古厝保护好。比如买供桌的老先生的儿子，做生意的，他出钱给村子里修了太阳能灯。大家对祖宗留下来的东西都想保护好，我们都有捐款的名单。小孩子们在"迎神"的时候，跟在父母亲的后面，走了几个小时也不怕路远，说明小孩子对祖先非常敬重。老、中、青、幼都想把祖宗留下来的文化保存好，我们有这样的体会。❹

近几年发展的大环境很好，资源有优势，但也存在弱点，就是路途偏远，这一方面保持了村子的原汁原味，没有被破坏，另一方面复建的难度加大。乡土人情是历史的遗留，未来发展要深入做当地的工作。虽然村子里分寨里、后

---

❶ 来自永泰县同安镇三捷村仁和庄族人的访谈。
❷ 来自永泰县东洋乡周坑村绍安庄族人的访谈。
❸ 来自永泰县红星乡西寨村西陇庄族人徐寅生的访谈。
❹ 来自永泰县霞拔乡下园村容就庄族人黄修基的访谈。

厝，但大家都是谢家，格局和情怀要扩大，使珠峰寨成为整个县、整个省的财富，这要贯彻到每一个村民的观念里，每个人都要出一份力。❶

我们白云乡的工作很难。之前有一个企业家在我们这里办了一个博物馆，还有花海、药谷，大概花了千把万。但是现在房地产不景气了。过去的博物馆，我们三个人600元工资，水费、电费1000元，办了两年（博物馆）不得不关门。我就觉得得慢慢来。过去都是靠勤劳和节俭才活下来，如果没有这种精神，我们不能活下来。现在子孙念书回来，我请他帮忙他不积极，嫌太阳太大了，说我等太阳下山再过来。博物馆5年才赚了1万多元，后期的工作要跟进。建设不容易，现在盖房子都盖到了地里，也不讲风水了。风水也不能完全看作封建迷信，我们的阴阳五行观念是生活经验的总结，很多是符合科学道理的。有的情况是和时空有关系的，时空变了，我们就要随着改变。我们要有个科学的态度去认知。我们白云是最穷的，大洋那边一晚上集资4000万。有的村子保护得很好，但是赚钱还是不容易。乡村事业还是需要有人出来牵头，要勤劳，要经得起人家骂的，日久见人心。❷

庄寨根植于乡村，其保护利用无法脱离乡村的发展。因此，乡村的问题在很大程度上影响着庄寨的保护传承、活化利用等方面。在这一话题下，部分村民也有着清醒的认识。

我也一直在思考乡村怎么发展。国家要振兴乡村，还有一些专家说要把农村建设得更像农村。更像农村的农村是什么样子的，我都想不出来。现在我连乡村和农村的概念都分不清楚，乡村的概念可能范围更大一点，但是像我们白云乡这个寨里，不管怎么说都是农村。要振兴农村，"农"字当头，就应该有农民。现在在家里都是老人家（60岁以上的人）在耕种，年轻人都去外面打工了，2天半才能打100斤谷子，出去打工半天就可以赚100斤谷子的钱。所以我们现在山里的田几乎都荒掉了。没有农民怎么叫农村呢？就不叫农村了。现在农业怎么发展很重要。土地是我们农村的命根子，不管外面有什么事情发生，我们在农村里有土地就可以存活下来。怎么样持续、稳定地发展，我觉得非常重要。过去家乡的建设都是靠乡绅，现在企业家都在外面，在大城市也都有房子，除了红白喜事回来，吃完饭又跑了。我们现在提倡把老家修理

---

❶ 来自永泰县盖洋乡珠峰村珠峰寨族人谢志道的访谈。
❷ 来自永泰县白云乡寨里村竹头寨族人黄修朗的访谈。

一下，把厝修理一下，回来才能住一个晚上再走。现在很多自然村都消失了，农村怎么发展是一个很大的课题。要把在外打工的人吸引回来。没有人乡村怎么振兴？现在只剩留守的老人和小孩子怎么振兴？我们过去有 1000 多个学生，现在不到 200 个，所以现在很难。❶

城镇化建设、新农村建设，这个步伐一跨出去就不能停下来。如果没有学校了，需要上学只能去城里。（下园村）现在主要是农产品生产，没有工业。农村还是要有实际的产业。（旅游业方面）我们村子规模不够，没得看。❷

（二）庄寨理事会

庄寨理事会是社会各界与庄寨之间的桥梁和纽带，在庄寨保护利用、凝聚家族力量等方面发挥了关键作用。截至 2019 年 8 月，永泰县有 26 个庄寨理事会通过民政部门注册登记，还有一些庄寨理事会正在筹建。❸

（我们这个）理事会是永泰县最早成立的。理事会是农村发展的一个机构，响应国家的政策，方便上下沟通，通过上下协调、民间自治来发展。成立理事会是在（20）16 年。竹头寨的理事会是按照寨子过去的（组织）结构来恢复保护，发展竹头寨。❹

庄寨的修缮最开始依靠族人集资，后来永泰县成立村保办，在政府的支持下成立了理事会，开展庄寨的保护与发展工作。❺

（绍安庄理事会）是 2016 年成立的，主要是为了让绍安庄的族亲统一思想。每次开会的时候总结一下做了什么，理事会成员都会参加。理事会成员每一房派一个代表，绍安庄一共九房，（理事会成员）一共有一百多人。❻

庄寨理事会的主要工作是负责庄寨的修缮维护、庄寨文化的挖掘、对外的招商引资、已落地业态的经营等❼，具体来说包括以下几个方面。

---

❶ 来自永泰县白云乡寨里村竹头寨族人黄修朗的访谈。
❷ 来自永泰县霞拔乡下园村村民陈纯建的访谈。
❸ 住房和城乡建设部. 福州市历史建筑保护利用试点工作简报（八月）[EB/OL].（2018-12-04）[2019-11-20].http：//www.mohurd.gov.cn/ztbd/lsjzbhlysd/201812/t20181204_238650.html.
❹ 来自永泰县白云乡寨里村竹头寨理事会副会长黄大锐的访谈。
❺ 来自永泰县丹云乡赤岸村王姓村民的访谈。
❻ 来自永泰县东洋乡周坑村绍安庄族人的访谈。
❼ 住房和城乡建设部. 福州市历史建筑保护利用试点工作简报（八月）[EB/OL].（2018-12-04）[2019-11-20].http：//www.mohurd.gov.cn/ztbd/lsjzbhlysd/201812/t20181204_238650.html.

1. 庄寨修缮维护

理事会发动村民捐款捐物投入庄寨的修缮。截至目前，全县各个理事会累计捐资已超过 1500 万元。理事会担任起业主、施工监理等角色，保障了庄寨的修缮质量、施工进度及安全。尤其是在修缮过程中涉及资金、房契产权等问题时，通常由德高望重的族人作为理事会代表负责与相关的族人和当地村民沟通，发挥了难以替代的作用。

（理事会）找乡政府协调资金，（20）17 年给了 60 万，是乡政府向县政府要的，用于修缮耳房（碉楼），不让它坍塌。（资金）主要用于（修复）正厅、供桌等。原来的供桌非常精美，被偷走了，追回来后又被偷走了，现在重新做了一个。❶

大家起先都不相信，你们能搞起来？现在大家的看法都不一样，我们每一年都财务公开，大家放心了。之前专家来开会都是我们自己筹备的。首先要感谢各位专家，要感谢我们的祖先，祖先也会保佑我们。每一步都很凑巧。修房子的时候没有一个工伤，我最宽心的就是这个。❷

（宁远庄）房子都有老房契，倒掉了就是一块地在那里，一亩地只有几十块钱，当时是由理事会作为代表进行交涉的。❸

2. 举办活动

通过举办祭祖、商议族事等活动聚集庄寨后人，加强理事会与族人之间的联系。

理事会有 6 个人，总共四房，再加上两个会长。托管以后理事会只负责一些大型的活动，像祭祖。去年花了几千块，请道士来做道场，也算跟老祖宗打个招呼，说我们在搞修缮，把牌位移来移去的，不要怪罪。❹

3. 招商引资

近年来，庄寨游客的数量不断攀升，理事会在接待游客、推介庄寨的同时不断加强庄寨的市场化运作，加大招商引资力度。例如，理事会通过租赁房屋、其他社会机构代管的方式引进优质的民宿经营者、旅游开发公司等，推进

---

❶ 来自永泰县白云乡北山村北山寨理事会会长何亦星的访谈。
❷ 来自永泰县同安镇洋尾村爱荆庄理事会成员鲍道龙的访谈。
❸ 来自永泰县嵩口镇月洲村主任张卫耿的访谈。
❹ 同❶.

村寨的保护与开发。

（20）17年开始，乡政府、永泰县对旅游开发和村寨保护很重视，下达各种文件，督促乡政府修缮保护。在这种动力下，2017年北山寨理事会和乡政府签订合同，把北山寨托管给乡政府，定了25年的托管期限，旅游公司投资成本收回后，经营利润和村里对半分。族人的意见是，后辈没有经济能力来维护寨子，只要他们能保护寨子不要倒，不收租金没有利润也没关系，给后代子孙留个念想。这个房子是我们老祖宗盖的，没想着一定要谋福利。❶

可以看出，理事会对于庄寨的保护利用具有相当的执行能力，且大部分由热爱家乡事业、德高望重的乡贤组成，他们对于庄寨发展、保护利用的路径选择具有十分关键的作用。在他们看来，庄寨的活化利用不能脱离乡村的大环境，二者有机结合方可为庄寨、为乡村带来出路。

本村有三大产业：槟榔芋、山茶油、李果。我们也想通过开发旅游把产业的名声打出去。村里茶籽油的产量是一年两三吨，卖不出去，本地价格是一公斤两三百块，希望通过旅游进行产品宣传，多多少少会多卖一点儿，增加村民的收入。所以开发寨子有两个目的，一个是保留祖先的遗产，另一个是增加村民的收入。通过开发旅游，把北山寨的品牌打响，加强周边的配套环境改善，开发采摘活动等，上级拨款和村民配合相结合。希望政府加大宣传力度。企业自身的宣传能力有限，希望政府帮助推动酒店和旅游公司的对外宣传。❷

首先要发展经济，有经济基础才可以培养团队。问题还有很多，包括雕刻、装修以及下一步怎么发展。按照我个人的理念，上寨作为文化发展基地，包括摄影基地、美术基地、开会等，由客人开展文化活动。我们上面也做了6间民宿。我们这里空气好，周边都是山，旁边是田垄，交通又很方便，引入外来资金进行建设，我们参与分成。让老人过来健身，分一点儿田地给他租用，或者做学生实践基地，或者做小学生游学基地。过年的时候也可以住在这里面，看我们怎么举行农村的活动，怎么祭祖，怎么拜年，让他们了解农村的风俗。还有一点儿理念是发展生态采摘园，让他们去实践也可以，去采摘也可以。我的理念就是全部用土家肥来种青菜、种稻谷，以这些方面来带动发展。我还有一个思路是和老年大学挂钩，和大学也可以挂钩，作为学生实践的基

---

❶ 来自永泰县白云乡北山村北山寨理事会会长何亦星的访谈。

❷ 同❶.

地。还有一个理念是把生产出来的产品给人们去选择，以健康为卖点。我们的鸡一定是吃稻谷的鸡，羊一定是吃草的羊，一点儿也不能掺假。❶

（三）各级行政及管理机构

政府部门的介入为庄寨的保护利用提供了政策支撑与保障。永泰的县、乡镇、村等各个层面的党政单位及下属的企事业机构为庄寨的保护利用贡献了巨大力量。特别重要的是，永泰县成立了"古村落古庄寨保护与开发领导小组办公室"（以下简称"村保办"），投入大额资金，建立奖补、理事会等制度，以保护庄寨、保护村落。永泰庄寨保护利用的关键之一就是通过扶持设立庄寨理事会、基金会、合作社和乡村建设联盟等民间组织，为充分调动民智民力参与保护与活化利用、统筹财政和社会资金投入庄寨发展建立起了整体而系统的机制。

1. 庄寨价值与保护利用

谈及保护利用，对于乡村、庄寨价值的认知是前提，也是从更高、更广泛的层面来理解和把握乡村、庄寨保护与发展的基础。而对于当今社会来说，庄寨价值很重要的一方面体现在其所承载的精神和道德的力量。

庄寨有其代表性的精神价值。例如仁和庄，两百多人的规模，内部非常团结和谐，体现了传统庄寨是如何维系和谐的宗族秩序的。近几年兴起编谱修祠的热潮，体现了宗族的强大力量。风俗民情的力量很强大，是乡村振兴的重要力量。❷

对于不同的价值可以从不同的侧重点来探讨，有的基于活化的目的，有的作为普适性的精神象征符号等。庄寨的价值对于村民来说是使用价值，对于研究者来说，可以从更高的角度，如精神层面的角度考虑。乡土文化延续至今，为生产生活制定了一定的道德约束，宗族内部、建筑等都会制定相应的村规民约，随着时间积累变成当地的文化。永泰当地需要这样的文化来维系居民的生产生活,（庄寨）文书契约很多与此有关，延续至今。永泰百姓坚持守望家乡的精神也许和某种道德约束有关，沿着这个思路可以探讨永泰庄寨不同于

---

❶ 来自永泰县白云乡寨里村竹头寨理事会副会长黄大锐的访谈。

❷ 来自永泰县政协副主席、村保办主任张培奋的访谈。

城市文化的特点。❶

永泰县政协副主席、村保办主任张培奋指出，乡村和庄寨的价值不仅仅体现在物质层面上，在活化利用上还要侧重于对文化的挖掘、传承与推广。

传承庄寨文化，不仅要做一般的民宿和博物馆，更要推广好的工艺、好的食材、慢的生活。庄寨目前有很多好的机遇。在文化方面，农村不一定要学习城市，应该让城市文化和农村文化等价交换。例如，《中华民居》给永泰庄寨的专题就是"中国家文化栖息地"。像嵩口地区有一条溪水，村民早上在溪里挑水吃，傍晚在溪水里洗马桶，大家共同遵守约定；还有一些小溪里给鱼类设置了避风港，体现了对生态和生命的尊重和保护，这都是庄寨文化的一部分。一个典型案例是，陈劲松（音）成立基金会保护村庄，恢复了废弃 18 年的水田，原种原产种植有机水稻。我认为（传承庄寨文化）体现了四大好处：恢复生产，保护生态，维系千百年的农村生活（农村最好的不是生产而是生活），拯救生命健康。像这样恢复水田也是传承庄寨文化的一部分。❷

2.现实因素与庄寨活化

近年来，在永泰县各级政府、庄寨族人及社会各方面的努力下，庄寨的保护利用取得了丰硕的成果。但不可回避的是，庄寨位置大多偏远，交通相对不便，其所在的乡村大部分存在产业凋敝、资源整合难度大等客观因素，以及乡村和庄寨随社会发展而产生各方面的人为因素，这些均制约着庄寨的活化利用与开发。

美丽乡村谁是主体？是农村居民还是外来的人？我们常常忽略了居民的观点。居民回到老家喜欢住水泥房子，而来旅游的人看到会觉得煞风景。做旅游，往往考虑的是来旅游的人的观点，好像忽略了我们本地居民的感受。修水泥房子虽然风貌上不协调，但确实是他们的需求。庄寨代表很久以前的东西，以前 200 多人的居住面积肯定不适合现在的人们居住。个性化问题带来很多不和谐，化整为零是大趋势。❸

（庄寨的开发）还是要看庄寨周围所处的具体环境。有的庄寨周围环境保护得好，人文生态环境保存较好，或许可以（开发）。一些庄寨本身保护得较

---

❶ 来自永泰县乡村振兴研究院张金来的访谈。
❷ 来自永泰县政协副主席、村保办主任张培奋的访谈。
❸ 来自永泰县挂职副县长唐晓腾的访谈。

差，周围环境也被破坏得很厉害，这种就很难。不同的人对庄寨的态度差异很大。我举个例子，有的庄寨摄影爱好者，他开车去庄寨一整天，就为了拍那么两三张照片。有一个在庄寨做开发的老板，他说自己绝对不住在里面。所以整体来说，对庄寨感兴趣的人很重要。我个人觉得政策的持续性非常重要，这和定位与布局有关系。庄寨能够成为子项目，作为亮点。我们永泰的庄寨整体分布还是在偏远的地方，交通不便的地方分布密集，高山上多。❶

现在没几个村有产业发展，只有靠近城关的几个村才有，开纺织厂、鞋厂之类的。我们村交通不方便，大车进不来，成本太高。想把村里的人留住，就要把他们的生活保护好。我们现在的村产主要是保护林，以后看能不能把田地全部整改，但也不好处理，只能整出几亩地来。以后可以把土壤拿去化验，适宜种什么就种什么。原来田里能产几十万斤粮食，现在只产两三万斤，没人种，田里都长芦苇了。以后看能不能把土地流转给合作社。现在乡里有三四个村已经流转了，但是我们还没有启动，不知道种什么。农村不能种太多花花草草，没法养护，村产少，没办法管理。照我看来可以全部种菜。还有一些木头栏杆，过几年就不好了。我们把茶叶树、茶籽树种密一点，也可以作为栏杆。❷

3. 立足于当地的工作机制

面对各种不利的现实因素，永泰县已经展开了积极的探索。政府相关部门充分发挥引领作用，立足于当地，最大限度地调动村民的积极性，并将庄寨的保护利用作为乡村整体活化的有效方式，鼓励村民全员参与。

庄寨的保护和活化并非政府部门包办，也非外来资本控制，依靠企业资本又往往急功近利，现在尝试通过成立村级合作社，在村两委的领导下，所有村民都是股东。❸

这样的模式为永泰乡村及庄寨的发展带来了诸多方面的积极作用。其一，村民的全员参与不但使得乡村的资源易于整合，还避免了村民内部的矛盾，使开发阻力转变为开发助力；其二，合作社的建立使社会资源和资金有了关联的平台；其三，在政府的引导下，村落及庄寨的开发虽以商业为模式，却是以公益为目的，效益共享于村民。

---

❶ 来自永泰县丹云乡乡长的访谈。
❷ 来自永泰县霞拔乡下园村村书记黄修津的访谈。
❸ 来自永泰县政协副主席、村保办主任张培奋的访谈。

在谈及永泰与福建屏南县传统村落保护发展方式的对比时，张培奋依然强调永泰庄寨在发展的过程中要做到立足于本地特色，激发当地人的作用。

屏南的传统村落规划发展得很好，通过"网红"活化，"人人都是艺术家"，一年之内由两百人增长到五百人，大部分是外来人，甚至是外国人。屏南海拔高，夏天凉快，这是其发展的一个优势。屏南至少有五个村的活化很成功，并且每个村都有一个核心人物在带动。相比较之下，永泰在整体规划、体量、交通资源等方面更有优势、更有信心。我们希望通过本地的"大咖"来带动发展，由本地人助推是永泰的一大特色。

除此之外，在行政管理层面，坚持活态传承与发展的理念，并通过多部门联动机制协调、保障庄寨的保护发展，这已成为各级相关部门的共识。

没有政策支撑基本是不可能的，"农村没有活，庄寨也没有活"。我的看法是，庄寨是一颗明珠，可以起到点缀的作用。中央文件提出来已经17年了，在我看来"竖向的"打通了，"横向的"还要打通，只有林业、环保、住建等几个部门联动才能发挥更大的作用。❶

庄寨的保护落实到基层困难重重，需要多部门协调，在预防、宣传、巡查、安全意识等方面需要一步一步进行。活化的过程中，我们希望村民住在里面，继续保持生活和使用的状态。我们现在在出台一个政策，就是多部门联合机制，相关职能部门包括自然资源局、住建局、文旅局、农业农村局、水利局等。❷

4. 村两委的管理经营

庄寨建筑体量巨大，无论是修缮、维护还是开发、运营，其所需的人力、财力、物力都十分庞杂，即便是集全家族之力，也并非所有的庄寨都能够承受，这时村两委便发挥了十分重要的作用。

将庄寨托予村两委管理（托管）是永泰现行的一种有效的方式。托管是指村两委（受托人）接受庄寨理事会（委托人）的委托，按照签订的合约对庄寨（托管对象）进行管理、使用的行为。庄寨的产权仍属于族人所有，受托人可以决定庄寨的使用方式，同时负责修缮及维护工作。

嵩口镇月洲村宁远庄（图3.40）的托管是庄寨保护利用中一则较成功的

❶ 来自永泰县丹云乡乡长的访谈。
❷ 来自永泰县村保办黄淑贞的访谈。

案例。由于族人意见的分歧，其托管工作在最初也面临着一定困难。

（村两委）2013 年的时候提出托管修缮，有几个老人不同意，不信任村集体有修缮、经营的能力，说要留给自家子孙慢慢修。（20）14、（20）15 年又倒了一些，加上看到乡村振兴的政策好，老人才慢慢转变了观念。2015 年的时候宁远庄开了几次家族大会，成立了理事会；张氏一共六房，每一房都有代表来做理事会的成员；选出了理事长，由他作为代表和我们签订了托管合同。这样庄寨交给我们管理，修好了以后保证不会倒。现在乡村振兴的政策这么好，我们签订了合同，寨子的产权还是大家的，只是交给我们维护而已，而且几十年内都有租金。如果不托管，倒是对不起自己的祖宗家业，是我们月洲村的损失。托管以后由我们来管理开发，签订的托管合同是五十年的，这五十年中我们可以保护、开发、利用，挖掘庄寨的价值和文化。❶

月洲村是第三批"中国传统村落"，悠久的历史文化与如画的山水使其具有丰厚的旅游资源，并较早地进入旅游发展的模式。在宁远庄被托管后，村两委便以旅游参观作为其开发利用的方式。

把庄寨托管给村集体进行旅游开发，得到村保办的大力支持。通过招商引资，有企业来投资了一家冷兵器博物馆。建设博物馆不会破坏庄寨原有的建筑结构，既保护了原有的状态，又增加了村里面的收入，带动了旅游的人气。冷兵器博物馆大概（2019 年）十月份开业，全部由企业管理。❷

月洲村支部书记曾巩荣告诉我们，宁远庄作为冷兵器博物馆成为月洲村旅游参观的景点是经过考量的（图 3.41）。

图 3.40 宁远庄全景

图 3.41 布展中的宁远庄

---

❶ 来自永泰县嵩口镇月洲村支部书记曾巩荣的访谈。

❷ 同❶.

把宁远庄做成冷兵器博物馆是有考察的。永泰是武术之乡，但没有一个兵器博物馆，这可以在月洲村得到体现。月洲村是文武之乡，文有张元幹，他是永泰四大文人之一，还有一个人是督前御史，是很大的武官。月洲村出过几个武进士、武举人。在宁远庄建博物馆也可以体现庄寨的结构、风貌，参观博物馆的时候整个庄寨都可以看得到。这也是全国唯一的比较全面的兵器博物馆。游客参观的时候既看了冷兵器，又看了庄寨。庄寨文化和兵器文化都可以在这里得到体现。在月洲村未来的长期发展中，宁远庄将定位为一个旅游参观点，希望通过企业的运营带来人气。博物馆前期的投入已经达到了几百万上千万，企业老板也把自己的毕生收藏都放到了这个博物馆中。2018年月洲村的游客量有五六万人，今年可以翻一番，达到十万人左右。今年基本上每天都有两三百人（来旅游）。村里目前餐馆有两三家，住宿还没有。基础设施正在完善当中。

对于月洲村宁远庄来说，村两委对庄寨的保护利用发挥了至关重要的作用，一方面使濒临破败的庄寨得到了迅速而有效的保护，另一方面，从更广的层面来说，村两委长远的规划和定位使得宁远庄与村落的整体发展方向有机地结合起来。

（20）15年托管以后，对庄寨进行了多次全面的修缮。（20）16年进行了抢救性修复，（20）17年对中轴线两侧的房子进行了修复，（20）18年峰会（乡村复兴论坛·永泰庄寨峰会）的时候进行了大规模修复。托管以后全部由村里出钱，理事会也认可托管的方式。考虑到如果不托管，由村民管理的话，一方面资金不足，另一方面经营上缺乏长远的眼光与规划。由村集体牵头经营，不仅可以帮助修缮庄寨，托管的资金（收益）也可以增加族人的收入。尽管大部分后人已经不在庄寨居住，老房子得到了维护，也成为张氏族人家族荣耀的象征。此外，修缮庄寨对村子也有好处。以后张氏族人可以炫耀"这是我们祖宗的房子"。有的族人已经出去了，但他们也不希望祖宗的房子倒掉，希望能把老祖宗的文化保留下来。❶

（四）在地经营与工作者

永泰庄寨数量多、分布广，不同区域、不同环境和条件下庄寨保护修缮

---

❶ 来自永泰县嵩口镇月洲村支部书记曾巩荣的访谈。

与开发利用的状况也不尽相同。目前经过永泰县村保办认定的庄寨有 150 多个，对于数量如此庞大的庄寨，应该以什么样的方式进行活化利用，是否所有庄寨都适合旅游、民宿、酒店等商业性开发，也许可以通过一些在地的专业经营者、工作者的视角窥见其中的端倪。

负责盖洋乡珠峰村传统村落保护发展规划的李所长在与珠峰村村民们探讨未来发展的问题时就真切地告诉珠峰村村民们：

通过初步调研，我们发现整体建筑风貌保存比较完整，在"美丽乡村"工程中修缮过，尤其是屋顶。但房子的空置率较高，老房子顶多一两个人在住，还有的没人住，那么老人去世后房子会更荒废，需要谋划五年、十年后老房子的使用方法。目前来看，旅游、民宿的落实很困难，要基于现有的意愿和资源进行规划。

位于嵩口古镇的松口气客栈已经成功运营了多年。长期在永泰嵩口镇生活的客栈经营者谢方玲对庄寨的保护和开发利用问题有着自己的见解：

150 多个庄寨能保存 50 个就不错了，有点像"二八原则"。能够保留下来的村庄基本上有三类：一是离城市近的，有可能会发展为城镇；二是环境好的；三是产业可以支撑的。庄寨开发的困难是，从我们普通人的角度，一般人看一两个寨子就不会再去看了，就像古镇一样，商业开发的模式大同小异。目前庄寨普遍交通不便、路途遥远，体验不够好。永泰庄寨最大的问题就是知道庄寨的人太少了，还需要继续宣传。而且庄寨这个概念和别人解释起来还是很不容易的，比较绕，不像土楼，听名字就可以想象大概是什么。

从管理者的角度来说，主要有几点问题：前期投入不是最难的，最难的是运营，管理上、人员配置上很难。现在政府提倡文化复兴、产业复兴，但是主导的工作存在同质化现象，有些政策会有"水土不服"的情况，不适合在当地发展。有些地方形成的产业是自发的，根植于当地人生活的，这样就很好，不然会内部驱动力不足，难以维系之后的经营。

作为开发经营者，需要从企业运营、商业效益等角度判断庄寨的综合条件。白云乡北山村北山寨酒店经理徐俊认为，庄寨开发利用方式的选取应当讲求"天时、地利、人和"（图 3.42、图 3.43）：

图 3.42　北山寨及周围的环境　　　　图 3.43　北山寨酒店公共空间

选这个寨子开发是因为"天时、地利、人和"，综合条件比较好。

从"人和"的角度来讲，一是因为现在乡村非常重要，特别是乡村里面人的关系，包括村委的能力、人缘，这些都是我非常看重的，而北山村具备了这一点。北山村的村主任是福州市人大代表，非常有能力，书记也当了很多年，能力、人缘非常好。就寨子本身而言，目前只有两户住在里面，何会长也把寨子里面的关系理得很顺，这是非常不容易的。二是目前领导对永泰庄寨的保护也非常重视与支持，目前的小环境和大环境、永泰县及福州市对于庄寨的保护、开发利用都很重视。只有领导重视了我们才会去做，没有政策支撑我们也不敢做。

从"地利"的角度来看，我们的寨子距离福州市比较近，以前是可以直接到福州的，现在已经有修路的规划。我们寨子周边的自然和人文景观规模也比较大，包括古村落和有规模的古庄寨。我们的目标就是让游客有深度的体验，未来我们就是要更多地利用庄寨的差异性，包括庄寨文化和庄寨建筑。福建的山水和别的地方的差异不是很大，但庄寨的建筑是具有差异性的。长三角和珠三角的游客来我们这里体验，建筑文化最吸引他们，背景是梯田、高山、小溪这些自然山水。

从"天时"的角度来看，国家对乡村振兴政策很重视，周边配套的道路、网络、电的使用都有政策支持。我们这个寨子的规模比较适中，投资也比较适中，建筑的竖向结构保留得还可以，整个建筑较为完整、安全。

庄寨作为永泰乃至福建省的文化地标，经营者们还关注其浓郁的地域文化特征及其与其他地区的差异性。

在地的文化是一种魅力的存在，别人对这个地方存在这样的东西是很好

奇的。❶

我们想做文化输出。我们现在做的有些事情就是在整合这些资源，（让人们）感受到这里的特征。永泰最值钱的是庄寨，而不是自然山水，永泰的庄寨是具有唯一性的。庄寨建筑上的功能性特点比较明显，是很有价值的，我认为它的功能是大于形式的，永泰庄寨集居住与防御功能为一体。而且（北山寨）这里的族人以前是从安徽搬过来的，肯定是有一定道理的，在选址上肯定要寻求安全的地方。我们做民宿主要是认识到差异性。雕花我们在全国都看过，安徽、江西、江苏、浙江都有，只要花钱都能做出来，但是那种环境造就不出搬家的背景、家族文化等那个时期的产物。我们企业在选择资源的时候肯定要有道理，但是要选择有个性、有差异性的"道理"。❷

在庄寨建筑具体的活化利用方式上，经营者们认为，其文化遗产的价值不应只凝固于保护之中，还应通过各种途径释放和呈现，在利用方式与功能改造的选择上要贴近现代人的需求，并且兼顾人们在地的体验。

我认为社群的生活模式是比较重要的，寨子里面是传统的家族，族系血缘关系是最紧密的关系，我们希望来的人可以体验到这种感觉。我们利用走廊把人从房间里引流到房间的外面，人们坐在外面聊聊天，在这样的空间里和别人聊天觉得更有意思。我们这里没有过多的商业化，公共交流空间是现在城市建筑缺乏的空间。❸

大家可能越来越习惯"小家"了，比如我也有老宅子，但自从爷爷去世了，我们和老房子的联系就越来越弱，也就不愿意回去了。我已经五六年没有回去看看了。传统的东西未必能在我们这一代有实现价值，它被使用、被发现有可能是由我们的下一代去实现。现代人对它的使用决定了它是否有未来，市场选择它肯定是有需求的，所以利用的方式要贴近现代人的生活。庄寨在定位上首先要服务于当地人的需求。如果不是当地人，过来看了就走了。最重要的还是体验感，游客更多的是为了满足好奇心或者新奇感，所以是否能踩到游客的点很重要。作为实际空间的一种存在，能够让现代人看到当时人特定的生活，比如去庄寨看的人会觉得原来这些厚厚的墙是用来防御的，原来以前这么

---

❶ 来自永泰县嵩口镇松口气客栈经营者谢方玲的访谈。
❷ 来自永泰县白云乡北山村北山寨酒店经理徐俊的访谈。
❸ 同❷.

多人住在一起，现代人可以通过一些场景设想之前的生活情况。乡村的遗产对孩子最大的作用是教科书。❶

对于庄寨的活化利用，我们偶遇的一位在仁和庄调研的闽江学院的老师也有着与以上观点相近的看法。

对老建筑迁光保护是非常错误的。我有一个想法，可以通过改造房间，使房间变得方便使用，吸引一些有情结的人来住民宿。我们还可以和做旅游的人联系，做成饭店，周边要有一些景点，附近还要有东西看，形成系列，系统性筹划。这个地方要值得我留下来，让我丰富一到两天的生活，满足需求。另外还有婚宴文化。面上的东西要"以旧修旧"，里面的房间要现代化。这种房子一定要有人住、有人气。

对于永泰庄寨的保护和发展，人们付诸的绝非仅仅资金与精力。对于庄寨的开发经营者来说，经济效益是无法回避的问题，但他们对于家乡、庄寨的坚守还出于一份情感。

（维持运营需要）付一个人的工资和电费，成本是收不回来的。来的人就是来参观，不会消费的。我来这里是一个情怀。（茶驿站）房间的位置是理事会确定的，更多的我没有算过经济账，只是为家乡做点事情。政府做事情都是高大上的，不只是经济账，考虑的是更长远的事情。企业要量力而为。我目前没有大计划，但请一个人在这里经营我还是做得到的。❷

我们预计七八年收回成本。未来我们在庄寨运营中想体现四点：真实、包容、创新、奉献。其实我做这样的事情不完全是为了赚钱，还有情怀。我们做企业的的确需要赚钱，希望得到政府更多的支持。但我们去开发这个酒店，把房子修好了，折旧的程度是很低的，最后的财富还是回归到族人。❸

无论是村民、庄寨理事会，还是各级行政管理机构、在地的经营者和工作者，均以不同角色、从不同角度介入庄寨的保护利用工作中，作为遗产的相关者为庄寨的传承与发展共同发挥着不可取代的作用。通过上述的记录我们可以看到，不同层面的人群对于永泰庄寨的价值认知、保护修缮、活化利用等存在着不尽相同的看法，在这其中不存在绝对的正确与错误，而在于人们是否能

---

❶ 来自永泰县嵩口镇松口气客栈经营者谢方玲的访谈。
❷ 来自永泰县同安镇洋尾村爱荆庄茶驿站总经理魏文生的访谈。
❸ 来自永泰县白云乡北山村北山寨酒店经理徐俊的访谈。

够把握庄寨的核心价值。

我们认识到，遗产的研究绝不能仅仅停留在遗产本身，应当关注遗产和社会的互动过程，才能更好地理解遗产对于当下社会的作用和意义；应当思考人们之于遗产的希冀和需求，才能更好地把握未来的遗产应走向何方。回过头来看，我们对庄寨、对乡村、对遗产、对受访者提出的诸多问题归结起来不过两种：你来自哪里，将要去往何处。

参考文献

［1］BILLINGSLEY P.民国时期的土匪［M］.王贤知，等，译.北京：中国青年出版社，1991.

［2］贝思飞.民国时期的土匪［M］.上海：上海人民出版社，2010.

［3］八闽古城古镇古村丛书编委会.福建中国传统村落［M］.福州：海峡文艺出版社，2017.

［4］蔡少卿.民国时期的土匪［M］.北京：中国人民大学出版社，1993.

［5］陈支平.福建历史文化简明读本［M］.厦门：厦门大学出版社，2013.

［6］陈支平.福建六大民系［M］.福州：福建人民出版社，2000.

［7］陈支平.近500年来福建的家族社会与文化［M］.上海：上海三联书店，1991.

［8］稻叶君山.中国社会文化之特质［M］//梁漱溟.中国文化要义.上海：上海人民出版社，2011.

［9］方大琮.铁庵集（卷十）：永福学职（四库全书本)[M］//徐晓望.福建通史（第3卷）：宋元.福州：福建人民出版社，2006：27.

［10］戴志坚.福建民居［M］.北京：中国建筑工业出版社，2009.

［11］费孝通.乡土中国［M］.上海：上海人民出版社，2006.

［12］费孝通.中华民族多元一体格局［M］.北京：中央民族大学出版社，2018.

［13］何绵山.闽台文化探略［M］.厦门：厦门大学出版社.2005.

［14］黄雨三.古建筑修缮·维护·营造新技术与古建筑图集［M］.合肥：安徽文化音像出版社，2003.

［15］梁漱溟.中国文化要义［M］.上海：上海人民出版社，2011.

［16］科大卫.皇帝和祖宗：华南的国家与宗族［M］.卜永坚，译.南京：江苏人民出版社，2010.

［17］李建军.福建庄寨［M］.合肥：安徽大学出版社，2018.

［18］刘艳军，刘晓青.基于传统家训文化视角的现代乡村治理与农民社会主义核心价值观培育研究［M］.北京：光明日报出版社，2016.

［19］陶尔夫，刘敬圻.南宋词史［M］.哈尔滨：黑龙江人民出版社，2005.

［20］汪丁丁.经济发展与制度创新［M］.上海：上海人民出版社，1995.

［21］王沪宁.当代中国村落家族文化——对中国社会现代化的一项探索［M］.上海：上海人民出版社，1991.

［22］汪宁生.文化人类学调查［M］.北京：学苑出版社，2015.

［23］王绍沂.永泰县志［M］.北京：新华出版社，1987.

［24］乌丙安.中国民间信仰［M］.长春：长春出版社，2014.

［25］文崇一，萧新煌.中国人：观念与行为［M］.南京：江苏教育出版社，2006.

［26］许纪霖.家国天下：现代中国的个人、国家与世界认同［M］.上海：上海人民出版社，2017.

［27］许结.中国文化史论纲［M］.桂林：广西师范大学出版社，2003.

［28］徐晓望.福建通史（第3卷）：宋元［M］.福州：福建人民出版社，2006.

［29］徐晓望.明代前期福建史：1368—1521年［M］.北京：线装书局，2017.

［30］杨伯峻.孟子译注［M］.北京：中华书局，1960.

［31］杨国枢.海峡两岸之组织与管理［M］.台北：台湾远流出版公司，1998.

［32］殷海光.中国文化的展望［M］.上海：上海三联书店，2002.

［33］张培奋.永泰庄寨［M］.福州：海峡世纪（福建）影视文化有限公司，2016.

［34］章毅.理学、士绅和宗族：宋明时期徽州的文化与社会［M］.杭州：浙江大学出版社，2013.

［35］郑炳通，永泰县地方志编纂委员会.永泰县志［M］.北京：新华出版社，1992.

［36］郑振满.明清福建家族组织与社会变迁［M］.北京：中国人民大学出版社，2009.

［37］郑振满，陈春生.民间信仰与社会空间［M］.福州：福建人民出版社，2003.

［38］中国人民政治协商会议福建省永泰县委员会文史组.永泰文史资料（第1-3辑）［M］.内部资料，1986.

［39］柯新建.张元幹与他的代表作《贺新郎》［M］//永泰县政协文史资料编辑室.永泰文史资料（第二辑）.内部资料，1985：23-24.

［40］卞恒沁."社会契约"与"家国同构"——大英帝国与中国的立国之道辨异［J］.中央社会主义学院学报，2019（1）：180-186.

［41］蔡宣皓.闽东大厝的建筑术语体系与空间观念研究——以清中晚期永泰县爱荆庄及仁和庄阄书中的建筑信息为例［J］.建筑遗产，2019（1）：21-34.

［42］陈名实，王炳庆.黄龟年免官后的活动探究［J］.福建史志，2008（6）：39-40，34.

［43］陈延斌，张琳.建设中国特色社会主义家文化的若干思考［J］.马克思主义研究，2017（8）：56-66，159-160.

［44］陈元锋.张元幹"幽岩尊祖"的文化记忆与文学叙事［J］.新宋学，2016（00）：81-96.

［45］储小平.中国"家文化"泛化的机制与文化资本［J］.学术研究，2003（11）：15-19.

［46］初松峰，蔡宣皓，侯实.永泰庄寨的营建特色与防御智慧［J］.华中建筑，2018，36（12）：22-25.

［47］定宜庄，胡鸿保.从族谱编纂看满族的民族认同［J］.民族研究，2001（6）：58-65，108.

［48］段建海.家国互动的政治伦理诉求——试论传统爱国主义的致思特点［J］.西北人文科学评论，2008，1（00）：70-75.

［49］甘满堂.福建宗祠文化的当代社会价值与提升路径［J］.东南学术，2019（4）：110-117.

［50］胡沧泽.闽文化（第四讲）：隋唐五代时期的闽文化［J］.政协天地，2011（5）：62-64.

［51］胡鸿保，定宜庄.虚构与真实之间——就家谱和族群认同问题与《福建族谱》作者商榷［J］.中南民族学院学报（人文社会科学版），2001（1）：44-47.

［52］黄义豪.评黄龟年四劾秦桧［J］.福建论坛（人文社会科学版），1997（3）：26-28.

［53］洪燕云，陈延斌.传统家训与中国特色社会主义家文化建设［J］.淮阴师范学院学报（哲学社会科学版），2018，40（4）：345-349.

［54］科大卫，刘志伟.宗族与地方社会的国家认同——明清华南地区宗族发展的意识形态基础［J］.历史研究，2000（3）：3-14，189.

［55］林精华，林仁罗.文天祥与福建永泰《虎邱黄氏世宦谱序》［J］.文史知识，1995（4）：126-127.

［56］刘大可.固始传说与闽台民众的文化认同［J］.台湾研究，2018（4）：53-64.

［57］刘德林，刘文静.家国同构的时代挑战［J］.南方论刊，2015（7）：24-26.

［58］盛泽宇."家国同构"问题与中国的法治国家建构［J］.中国政法大学学报，2015（6）：93-103，161.

［59］徐俊六.族群记忆、社会变迁与家国同构：宗祠、族谱与祖茔的人类学研究［J］.青海民族研究，2018，29（2）：208-216.

［60］徐扬杰.宋明以来的封建家族制度述论［J］.中国社会科学，1980（4）：99-122.

［61］杨清虎 . "家国情怀"的内涵与现代价值［J］.兵团党校学报，2016（3）：60-66.

［62］王铭铭 . 地方政治与传统的再创造——福建溪村祠堂议事活动的考察［J］.民俗研究，1999（4）：12-30.

［63］王勤瑶 . 传统家文化的时代变迁及启示［J］.内蒙古大学学报（哲学社会科学版），2019，51（3）：42-47.

［64］王振忠 . 一部徽州家谱的社会文化解读——《绩溪庙子山王氏谱》研究［J］.社会科学战线，2001（3）：216-223.

［65］卫灵 . 增强中华文化认同缘何重要［J］.人民论坛，2019（7）：130-132.

［66］吴卉 . 张元幹词中的宋文化情结［J］.黑龙江史志，2010（22）：52-54.

［67］张兵华，陈小辉，李建军，等 . 传统防御性建筑的地域性特征解析——以福建永泰庄寨为例［J］.中国文化遗产，2019（4）：91-98.

［68］张兵华，刘淑虎，李建军，等 . 闽东地区庄寨建筑防御性营建智慧解析——以永泰县庄寨为例［J］.新建筑，2019（1）：120-125.

［69］张恒军，吴秀峰 . "一带一路"视域下中华文化认同的内涵、原则和策略［J］.出版发行研究，2019（1）：10-15.

［70］张培奋 . 重塑永泰庄寨的社会治理功能［J］.社会治理，2018（4）：90-93.

［71］张仲英，郭艳华 . 两宋剧变对张元幹思想和词风的影响［J］.赤峰学院学报（汉文哲学社会科学版），2011（9）：130-132.

［72］郑学檬，袁冰凌 . 福建文化内涵的形成及其观念的变迁［J］.福建论坛（文史哲版），1990（5）：70-75.

［73］钟伟兰 . 浅论张元幹爱国主义诗词的艺术审美特质［J］.福建论坛（人文社会科学版），2006（S1）：166-167.

［74］李耕，张明珍 . 社区参与遗产保护的延展与共度——以福建永泰庄寨为例［J］.广西民族大学学报（哲学社会科学版），2018，40（1）：95-103.

［75］蔡宣皓 . 历史人类学视野下的清中晚期闽东大厝平面形制——以永泰县爱荆庄与仁和宅为例［D］.上海：同济大学，2018.

［76］蔡宣皓，初松峰 . 基于匠艺普查的建筑遗产在地化使用研究——福建永泰庄寨自组织修缮控制导则的编制［C］.上海，建成遗产：一种城乡演进的文化驱动力，2017.

［77］陈毅香 . 民间信仰视角下的永泰庄寨仪式空间探析［D］.武汉：华中科技大学，2019.

［78］初松峰 . 宗亲推动下的永泰庄寨修缮和公众参与［G］//中国城市规划学会 . 持续发

展 理性规划——2017 中国城市规划年会论文集（18 乡村规划）. 北京：中国建筑工业出版社，2017：9.

［79］初松峰. 匠艺为先 "看图说话"——基于永泰传统匠艺的庄寨修缮导则研究［C］. 2017 年江苏省研究生学术创新论坛，苏州，2017.

［80］国家统计局. 中国统计年鉴—2018 年［EB/OL］.（2018-10-14）［2019-10-15］. http：//www.stats.gov.cn/tjsj/ndsj/ 2018/indexch.htm.

［81］国家统计局. 城镇化水平不断提升 城市发展阔步前进——新中国成立 70 周年经济社会发展成就系列报告之十七［EB/OL］.（2019-08-15）［2019-10-15］. http：// www.stats.gov.cn/tjsj/zxfb/201908/t20190815_1691416.html.

［82］胡永保. 中国农村基层互动治理研究［D］. 长春：东北师范大学，2014.

［83］李晓平. 民国时期福建的土匪问题研究［D］. 福州：福建师范大学，2002.

［84］刘华荣. 儒家教化思想研究［D］. 兰州：兰州大学，2014.

［85］孔娜娜. 行动者、关系与过程：基层社会治理的结构性转换［D］. 武汉：华中师范大学，2012.

［86］全轶先，等. 族姓藩篱与升平守望——福建永泰庄寨与屏南村落调研［N］. 中国文物报，2019-08-23（003）.

［87］徐晓望. 论福建思想文化的发展道路［G］// 福建省炎黄文化研究会. 中华文化与地域文化研究——福建省炎黄文化研究会 20 年论文选集（第二卷）. 厦门：鹭江出版社，2011：7.

［88］许文华. 四劾秦桧的黄龟年［N］. 福建日报，2015-03-21.

［89］董向慧. 中国人的"五伦"与家文化［N］. 今晚报，2016-01-08（16）.

［90］张培奋. 月洲四梦，梦纵古今［EB/OL］.（2019-11-24）［2019-11-30］. https：//mp.weixin. qq.com/s/zOBT4JrUl1MCsz1Epm2ktA.

［91］中华人民共和国住房和城乡建设部. 福州市历史建筑保护利用试点工作简报［EB/OL］.（2018-12-04）［2019-11-20］. http：//www.mohurd.gov.cn/ztbd/lsjzbhlysd/201812/t20181204_238650.html.

［92］朱余斌. 建国以来乡村治理体制的演变与发展研究［D］. 上海：上海社会科学院，2017.

后　记

　　"藏在深闺人未识，撩开面纱惊八闽"，这是习近平同志在福州担任市委书记时对永泰的评价。作为地域性防御式民居的永泰庄寨正是散落在这片土地上的明珠。随着近年来人们对其价值认知的不断深化，庄寨的保护利用实践逐渐开展起来。在这样的背景下，受永泰县古村落古庄寨保护与开发领导小组办公室的邀请，复旦大学国土与文化资源研究中心研究团队从 2016 年开始参与永泰庄寨的价值认知、保护修缮等工作，并编制了《永泰庄寨保护修缮导则》，作为全县庄寨保护修缮的依据。为了进一步研究庄寨的核心价值，探索庄寨保护、利用、管理的方法，在《导则》编制完成后，研究团队又多次回到永泰乡间，开展田野调查。本书即团队近四年来一系列调查、研究与实践的成果。

　　永泰庄寨的保护首先要解决对其价值认知的问题。永泰庄寨的建造和使用离不开自然地理环境与人文社会环境的双重影响。福建多为山地丘陵，复杂多样的地理环境为保存文化多样性奠定了基础。戴云山余脉与大樟溪共同塑造了永泰地理空间的基本格局，丰富的自然资源也为庄寨建设提供了材料。自魏晋南北朝以来，中原战乱频仍，大量的北方汉族人民向东南沿海迁徙，寻找避乱之地，在历史上掀起多次迁移高潮。迁移带来的北方文化与本地文化不断碰撞、交融，形成了福建与永泰文化的底色，也是永泰庄寨建造的文化基础。

　　明清以来，永泰及周边地域多次出现社会动荡，永泰人民通过改建原有民居、增加防御构造或新建防御性强的庄寨等方式营造安全的栖身居所，维护自身利益，保障家族生存繁衍。庄寨建立了比较完善的防御体系：一些庄寨选址于易守难攻的台地之上，或通过改造地形获得防御优势；建造高大的垒石夯土围护墙、角楼，墙体上预留斗形窗、射击口，并以跑马道串联，增大了土匪进攻的难度；在大门等关键节点增设防御式构造，补强庄寨的薄弱环节；在庄寨中挖掘水井、建造粮仓，保障居民供给，提高庄寨的生存能力。经过一系列的改造与新建，庄寨庇护了子孙后代的延续与发展。

人是文化遗产的灵魂，永泰庄寨的建造与使用是为永泰人服务的。为了探寻永泰庄寨建筑空间背后的价值，研究团队对大量人员进行了访谈，梳理永泰当地遗存的各类历史文献，发现"家文化"是永泰庄寨最重要的特点，对于本地家族和国家、社会都具有重要意义。一方面，家文化是维系永泰家族生存繁衍的力量源泉，通过文化的传承教化和滋养人心；另一方面，家文化是中华文化的重要组成部分，家国天下的思想情怀是中华民族共同的文化认同。同时，当代的家族经过转型，可以发挥重要的文化功能，作为乡村社会治理的补充。

永泰庄寨的核心价值认知为庄寨保护实践提供了依据。家文化影响下塑造出的庄寨厅堂轴线空间、装饰系统，以及为保卫家族而建造的防御构造等，都是永泰庄寨重要的价值载体，是保护中重点关注的对象。这些空间的营造离不开永泰传统建造工艺的支撑。团队通过对20余名永泰传统工匠进行访谈，研究永泰建造工艺，并在此基础上编制了《永泰庄寨保护修缮导则》，指导庄寨的保护修缮。《导则》的编制注重实用性，以手绘图为主，辅以文字、照片说明，力求让工匠和村民都能够看得懂、用得上。《导则》初步编制完成后，请工匠评审，听取工匠的意见，反复修改表达方式与内容，以工匠能够看着《导则》复述内容为标准，增强学界与工匠的双向互动。通过这些做法，构建起永泰庄寨从价值认知到保护实践的有效路径。

在本书第三章，为了更加真实地呈现田野调查中的收获，研究团队将访谈中具有代表性的一部分记录按照庄寨人眼中的庄寨、匠人述说的建造技艺、多层级人群影响下的庄寨保护利用三个主题进行归纳整理，原汁原味保留不同群体的语言表述方式、表达内容，意在为相关研究者、管理者提供参考。

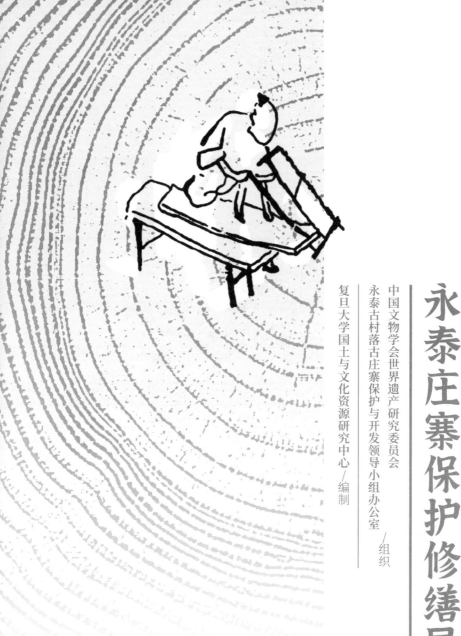

永泰庄寨保护修缮导则

中国文物学会世界遗产研究委员会
永泰古村落古庄寨保护与开发领导小组办公室　/组织

复旦大学国土与文化资源研究中心　/编制

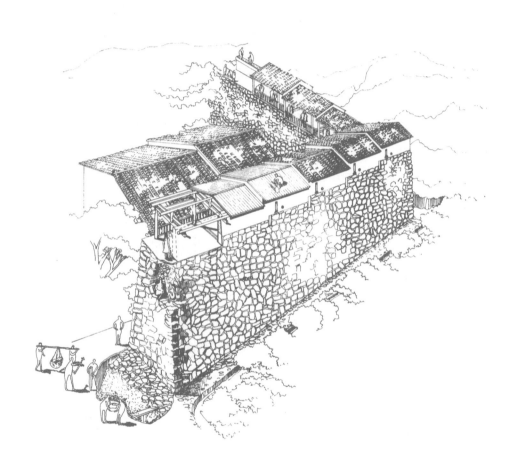

鸣谢

中国文物学会世界遗产研究委员会：郭旃、安家瑶、黄元、李季、吴永祺、郑国珍、
张义生、安淑芬

永泰大木匠师：鲍道龙、陈步佃、鲍才坚、何进标、黄修理、黄修淡、张则雪、
黄修灼、张学银等

永泰小木匠师：鄢良斌、鄢守枫、张元淼、黄昌锋、鲍道地、林乐生等

永泰土石匠师：陈其煌、黄绍新、黄国端、张明防、赵令宝、鄢振斌、林进金等

永泰地理先生：鲍道鉴等

中共永泰县委、永泰县人民政府：陈斌、雷连鸣

永泰古村落古庄寨保护与开发领导小组办公室：张培奋、吕云茂、陈爱梅、朱珍珍、
黄淑贞、檀遵群、张建设

挂一漏万，感谢所有在导则编制过程中提供协助的乡、镇、村的领导与工作人员，
庄寨理事会及村民，关心《永泰庄寨保护修缮导则》的专家们，以及在调查过程中帮助
过我们的人们。

项目参与人员

项目负责人：杜晓帆

项目指导：杜晓帆、李建军、王金华、侯实

现场调研：杜晓帆、侯实、初松峰、蔡宣皓、林銎澎、邓云、
曹晓楠

文本编写：初松峰、蔡宣皓

绘　　图：曹俊华、蔡宣皓、初松峰、林銎澎、邓云、
曹晓楠

摄　　影：初松峰、蔡宣皓、邓云、林銎澎

排版设计：曹晓楠、周孟圆

成果审读：杜晓帆、王金华、侯实

近年来，永泰庄寨逐渐进入人们的视野，引起专家学者们的关注。2016年3月，由中国文物学会世界遗产研究委员会、中国国土经济学会国土与文化资源委员会、永泰县人民政府共同主办的"福建永泰文化遗产保护研讨会"邀请了26位知名专家共同探讨永泰庄寨保护发展事宜，拉开了系统性研究与保护永泰庄寨的序幕。2017年11月，永泰庄寨建筑群列入福建省第九批文物保护单位推荐名单，这是在永泰古村落古庄寨保护与开发领导小组办公室的协调下多方努力所取得的重要成果。

习近平总书记在十九大报告中指出："文化是一个国家、一个民族的灵魂。""没有高度的文化自信，没有文化的繁荣兴盛，就没有中华民族伟大复兴。"文化自信的重要来源就在于对文化遗产的保护与传承。庄寨是永泰人民长期以来在生产生活中凝结而成的智慧结晶，是维系宗亲血脉相承、文化相传的物质载体，是引发永泰百姓乡愁之所在，是激发永泰人民文化自信的重要元素。

现阶段，以宗亲为单位的村民们对庄寨保护与修缮的热情高涨，民间自发组织了大量的修缮项目，但是修缮中的材料选择与工艺技术存在很多不足，亟须出台规范化的修缮导则用于指导实践。受永泰县传统村落暨古寨堡保护与发展领导小组办公室（后改为永泰古村落古庄寨保护与开发领导小组办公室）委托，复旦大学国土与文化资源研究中心和中国文物学会世界遗产研究委员会对永泰庄寨进行了全面调查，并展开了相关研究，编制了《永泰庄寨保护修缮导则》，对具体的材料选择与施工技术做出明确规定。在导则的编制过程中遵循以下三方面的原则：

（1）"看图说话"，注重应用。以修缮图纸的绘制为重点，尊重工匠的阅读习惯，采用手绘步骤分解图、手绘三维图等方式，辅以照片和口语化的说明文字等形式表达成果，确保信息传达简洁明了、清晰无误，让第一线的修缮工匠看得懂、用得上，保证导则的指导意图能够得到最大程度的贯彻，真正落到实处。

（2）深入乡间，探寻匠艺。永泰县是历史悠久的建筑之乡，导则的编制从寻访工匠、深挖"永泰工"的传统匠艺开始，汇集民间营造智慧；让导则成为民间匠艺的忠实记录者，努力引导在当下的修缮中复苏本土匠艺。

（3）携匠修编，双向互动。导则不是学术界对民间修缮高高在上、不顾实际的指挥，在编制过程中坚持与工匠的互动。经过长时间的田野调查和回访，在与工匠平等的交流中反复打磨修缮技术的每个指导条文。在这一过程中，向本土工匠普及文物修缮的原则和理念，实现学界与民间的良性互动。

在永泰庄寨的保护与发展过程中，建筑本体的保护与修缮仅仅是第一步。《永泰庄寨保护修缮导则》不仅是一本指导手册与技术规程，我们还进一步尝试从更为漫长的时空维度来理解庄寨的过去、现在、未来，审视庄寨的价值及保护与发展的意义。庄寨不仅承载了地域风土建筑的营造特征、地方宗族发展的历史脉络，更是在人地长期互动中形成的村落文化景观的重要组成元素，是文化生态系统的有机组成部分。庄寨的保护、发展与活化应当建立在这种系统性认识的基础之上。

在本导则的编制过程中，特别感谢中国文物学会世界遗产研究委员会、永泰古村落古庄寨保护与开发领导小组办公室、相关专家、永泰各庄寨的族人、传统工匠等提出的宝贵意见与建议。对于永泰庄寨来说，这是第一次有了系统性的保护修缮导则，来帮助相关部门和庄寨的族人更好地了解永泰庄寨的建筑特征与历史文化价值，更好地指导庄寨的保护与修缮。我们希望，导则颁布实施后，能够让庄寨的修缮严守文化遗产的真实性原则，成为政府引导监督、村民与当地工匠自主修缮的典范，为永泰庄寨申报全国重点文物保护单位乃至世界文化遗产做出贡献。

目录

第一章　导则编制的背景与目标

1.1 导则编制的背景

1.2 导则编制的依据

1.3 导则编制的目标

　　福建永泰县域范围内存在过数以千计的古庄寨，目前保存相对完好的仍有 150 余座。永泰庄寨的建筑面积一般都在 1000 平方米以上，有些大型庄寨甚至能达到 7000 余平方米。永泰庄寨的建筑形制、建造技艺、装饰艺术独具特色，是明清时期闽东地区风土民居的典型代表，具有较高的价值。

　　由于永泰庄寨数量众多，难以按照文物保护单位的要求逐一编制保护修缮方案，为更好地指导永泰庄寨的保护修缮，特编制本导则。

1.1 导则编制的背景

　　永泰庄寨规模大、数量多，建筑工艺精湛，但是由于价值发现时间较晚，被公布为各级文物保护单位的数量有限。在过去的数十年间，由于大量居民外迁，部分庄寨长期空置、年久失修，加上自然侵蚀，导致一些庄寨倒塌、破损，保护状况岌岌可危。自 2015 年开始，永泰庄寨的价值逐渐被世人重新认知。地方政府投入经费用于危房修缮，带动了永泰庄寨的保护与利用。但现阶段，大量民间自发组织的修缮项目在材料选择与工艺技术方面还存在很多不足，亟须出台规范化的修缮导则用于指导实践。

　　部分庄寨保存状况较差，亟须抢救性保护。由于年久失修，一些庄寨出现外层围屋或角楼倒塌损毁，以及主体建筑构架歪闪、屋顶破损、木柱糟朽、夯土墙开裂等古民居中常见的残损现象。紧邻庄寨修建的新建筑也对庄寨景观的整体性造成了破坏。

1-1

1-2

1-1 由于年久失修
　　部分房屋倒塌
1-2 紧邻庄寨的新
　　建筑对庄寨景
　　观造成破坏

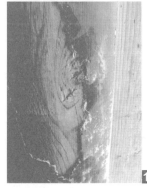

1-3 构架歪闪

1-4 木材劈裂

1-5 木构腐朽

1-6 屋面破损

1-7 门窗破损

1-8 夯土墙破损

1-9 楹联损坏

庄寨除了上述自然破损之外，村民自行组织的修缮中还存在着以下问题：

（1）正在进行的修缮工作未按照古建筑的修缮要求和标准进行。

（2）违背真实性原则，影响文物保护单位的申报。

（3）传统工艺失传，各工匠的做法不统一。

（4）在视觉上最突出、最具文化意涵和视觉特色的起翘屋脊、壁瓦封火墙、彩画木雕等建筑元素往往破坏较严重，并且面临工艺濒危、传统材料消失的严重威胁。

1-10 抢救性修缮屋面大量使用水泥

1-11 夯土工艺不当导致新夯墙产生裂缝

1-12 雨埠墙使用水泥

1-13 刷漆工艺不当

1-14 自发捐资修缮

1-15 村民清洗庄寨

1.2 导则编制的依据

法律法规与国际宪章

　　《中华人民共和国文物保护法》（2017 年）

　　《中华人民共和国文物保护法实施条例》（2017 年）

　　《国际古迹保护与修复宪章》（1964 年）

　　《奈良真实性文件》（1994 年）

　　《关于乡土建筑遗产的宪章》（1999 年）

修缮技术标准与相关规划

　　《中国文物古迹保护准则》（2015 年）

　　《古建筑修缮工程施工规程（征求意见稿）》（2017 年）

　　《古建筑木结构维护与加固技术规范》（2017 年）

　　《古建筑保养维护操作规程》（2015 年）

　　《福建省传统村落和历史建筑、特色建筑保护发展"十三五"规划（2016—
2020 年）》

1.3 导则编制的目标

1.3.1 导则的编制思路

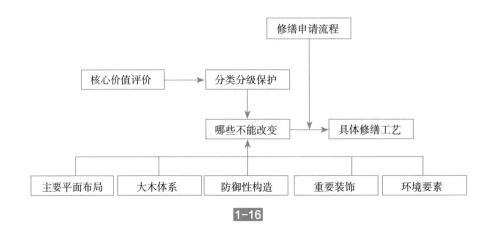

1-16

1.3.2 导则的目标

（1）重新识别庄寨的核心价值，为分级分类保护提供依据。

（2）规范庄寨修缮材料与施工，提升民间自发修缮的水平。

（3）整理归纳地方匠艺，保留庄寨的地域性特征，传承庄寨地域文化特色。

（4）宣传文化遗产保护理念。

1-16 导则编制思路

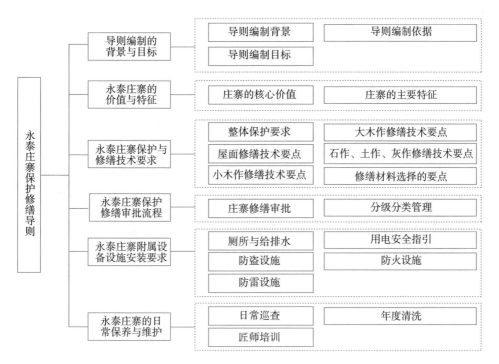

1-17

1-17 导则编制结构示意图

第二章　永泰庄寨的价值与特征

　　永泰庄寨脱胎于闽东传统民居，体现出地域风土建筑的发展演变过程。永泰庄寨最显著的特征在于整体平面布局及较高的防御性。在平面布局上，通过封经石定位经纬，沿轴线建立完整的空间序列，反映出传统宗族礼法观念。在防御体系上，通过选址、夯土垒石墙、角楼、跑马道等防御性措施形成完善的防御体系。永泰庄寨在木雕、灰塑、彩绘、石雕等方面也具有较高的价值，体现出永泰传统工匠高超的匠艺。

2.1 庄、寨、厝的同源与演变

依照戴志坚教授在《福建民居》一书中对福建本土传统民居谱系的分类，永泰民居属于闽东民居范畴。以"厝""庄""寨"为代表的永泰传统民居是闽东风土民居的典型代表。从类型的角度看，庄寨是在普通民居的基础上加强防御功能之后的产物，本质上是闽东大厝衍变发展的结果。庄寨与大厝有很多共同的建筑特点，主要包括中轴对称的合院形制、以正厅为核心的单中心布局模式及典型的穿斗梁架结构。

庄寨的建设不是一蹴而就完成的，而是历经较长时期，阶段性地修建。多数庄寨的修建历经几年甚至几代人的时间，逐步扩建，完善防御体系，扩展生活空间。一般而言，若财力有限，修建传统民居时先修正厅、官房、二房（又称"六扇"）、三房（又称"八扇"），有的甚至只建正厅和两厢，而后逐渐向前后延伸，利用横屋与围屋向两边扩展并四面围合，最终形成具有轴线结构和圈层结构的大型民居。

2-1

2-1 下坂厝航拍

当匪患盛行，防御需求变得十分迫切时，则会加筑厚重的垒石夯土墙。中埔寨、成厚庄就是分两个阶段修建的典型例子。这两个庄寨均是先建中间圈层，若干年后根据防御需要和经济能力再扩建外部圈层。这个逐渐建设的过程与清中期之后福建山区商品经济的不断发展、民间财富的不断积累也有关系。在清同治、光绪年间之后，庄寨防御性体系的发展达到了巅峰。

中埔寨是从普通民居发展为庄寨的代表案例，其内圈始建于清嘉庆十四年（公元1809年），是由林孟美建造的"逢源宅"。该宅正面为木构建筑，另外三面的墙体也比较单薄，从形制上看类似于下坂厝。墙身无斗形窗、射击口等防御设施，容易受到袭击。后来林孟美之子林程德续建了外圈厚重的垒石夯土墙，在墙体上新建了跑马道，增设大量斗形窗、射击口，能够在较大范围内观察、守卫庄寨。修建的正门与两个侧门使用粗大的门闩，上方预留注水注油口等。由于庄寨东侧有山坡，为了防止土匪在山上射击，将西侧的跑马道栏杆替换成夯土墙。新建的外圈墙体呈八卦形，因此中埔寨又名"八卦寨"。通过新增一系列的设施，完善了中埔寨的防御体系，完成了从普通民居向庄寨转变的过程。

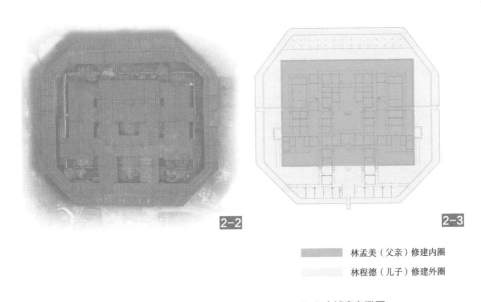

2-2

2-3

███ 林孟美（父亲）修建内圈

▓▓▓ 林程德（儿子）修建外圈

2-2 中埔寨鸟瞰图
2-3 中埔寨修建时序示意图

成厚庄始建于清康熙三十四年（公元1695年），为陈德美所建。内圈虽有较单薄的垒石夯土墙，但无斗形窗等防御设施，防御能力较差。

随着宗族的发展与人丁的繁衍，扩展居住空间的需求日益增长，也需要保护家族的财富与安全。陈德美的五代孙陈用藻在原庄之外扩建出一整圈的围屋，形成两圈庄墙，原来的庄就成为内圈。同时，在外圈增修跑马道、两座角楼，完善斗形窗、射击口等设施，极大地提升了成厚庄的防御能力与居住功能，将其从仅靠夯土墙御敌的被动型防御民居发展成为具有射击工事、防御体系完善的庄寨。由于地形限制，成厚庄两个圈层的厅堂不在同一轴线上，形成一种特殊的轴线空间序列。

2-4

2-5

2-4 成厚庄鸟瞰图
2-5 成厚庄外圈的角楼

2.2 永泰庄寨的平面格局

永泰庄寨在规模与布局上展现出高超的空间组织能力，体现了传统民居的院落之美。庄寨完整的空间序列沿轴线从下至上一般包括正门厅、下落厅、正厅、后厅、上落厅（也称为"后落厅"）。这五个厅作为民居的轴线，是修建过程中由封经石定位经纬的延续，是宗族礼法观念的映射，是祭祀、节庆等公共活动的场所，也是传统建筑空间秩序的重要来源。在大量的案例中，部分民居会受到土地规模、地形等因素的限制，未建上落厅或下落厅，但是依然会延续以正厅为核心的空间轴线。

2-6　2-7　2-8

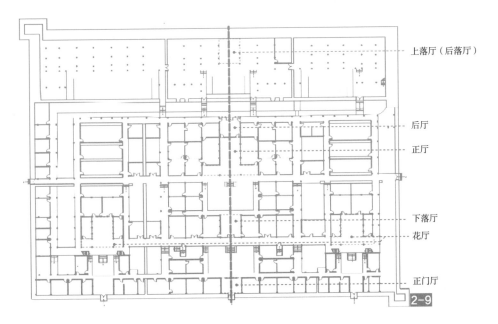

上落厅（后落厅）

后厅

正厅

下落厅
花厅

正门厅

2-9

2-6 中埔寨正厅

2-7 位于正厅的封经石

2-8 位于前门厅的封经石

2-9 仁和庄（青石寨）的平面布局

永泰的大型传统民居通常采用单体建筑紧密排列围合空间的形式，形成强围合的院落空间。其在外观上则表现为相互叠合、层层错落的屋顶形象，增强了建筑意象的识别性和领域感，强化宗族内部的凝聚力。

在围墙内部，采用对称布局的手法，以正厅为中心，沿轴线向两侧展开，建设官房、二房、三房、过雨廊、厅堂两侧的厢房（本地称为"书院"）、围屋，营建出可供大量族人居住的房间。

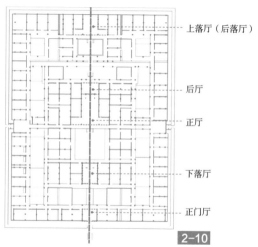

上落厅（后落厅）

后厅

正厅

下落厅

正门厅

2-10

2-11

2-12

2-10 昇平庄的平面布局
2-11 昇平庄航拍平面图
2-12 中埔寨层层错落的屋面

2.3 永泰庄寨的匠作系统

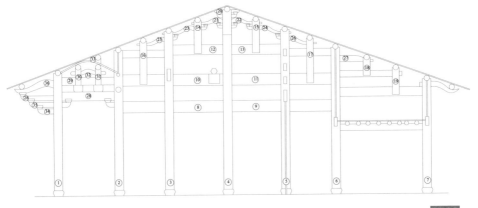

2-13

1. 前廊柱	7. 后廊柱	13. 后付三川	19. 后下郎中	25. 前上门插	31. 前上郎中
2. 前门柱	8. 前付一川	14. 前上付全	20. 头巾	26. 后上门插	32. 前廊三川
3. 前付柱	9. 后付一川	15. 后上付全	21. 前上付插	27. 后上郎插	33. 回水
4. 正柱	10. 前付二川	16. 前上门全	22. 后上付插	28. 前廊一川	34. 前廊下插
5. 后付柱	11. 后付二川	17. 后上门全	23. 前下付插	29. 前廊二川	35. 前廊中插
6. 后门柱	12. 前付三川	18. 后上郎中	24. 后下付插	30. 前下郎中	36. 前上廊插

2-13 永泰穿斗梁架构件的本地名称

　　永泰庄寨具有典型的地域风土建筑特征，其建造技艺代表了闽东地区的传统匠作体系。从大木工艺和建筑细部等角度来看，无论是梁架结构、装饰工艺，还是轩的类型、添丁梁的使用，都可以概括为一个基本的类型范式——典型的闽东风格样式。这些营建技术从另一个角度证明了庄寨与大厝是同源的关系。

　　永泰传统民居正厅主体结构多采用穿斗式梁架，其工艺最精湛的部位是最中心的正厅明间。有些民居还会使用大额枋担起两榀插梁架装饰明间屋架，以进一步提升等级地位，营造出华丽堂皇的空间感受，当地称这一做法为"四梁扛井"（又称"四梁抬井"）。

　　"四梁扛井"式屋架使用了减柱造、大额枋等结构技术和材料工艺，施工难度更大，梁枋上的雕花也更为丰富、精美，因此多见于建造者财力雄厚或等级较高的民居之中。几乎每座永泰传统民居都设有添丁梁，一般安放在正厅。若正厅为"四梁扛井"式，其添丁梁较短，位置更高，有的还会考虑放置于下落厅。另外，正厅的廊轩、以五曲枋为主的看架及其装饰手法在永泰的庄、寨、厝中具有共性。

添丁梁也叫灯梁，一般的灯梁是挂灯用的。由于永泰方言中"灯"与"丁"谐音，故称之为"丁梁"。在永泰的民居中，正厅中一般设有丁梁，有的在下厅、门厅、边厅、花厅、后落厅也会设丁梁。永泰民居的添丁梁多为红色，也有少数添丁梁为其他颜色并绘有彩绘。添丁梁一般上书"添丁发甲"，表达对多子多福的期待。

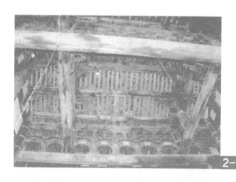

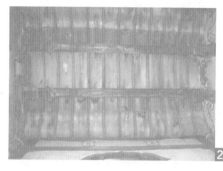

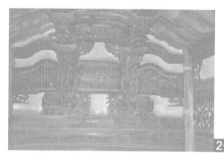

2-14 德安庄的"四梁抬井"结构

2-15 绍宁庄的穿斗式梁架与添丁梁

2-16 绍宁庄的廊轩

2-17 中埔寨的看架及其装饰

2-18 木雕

2-19 木雕细部

除了大木构架体现出闽东地域性匠艺之外，庄寨的小木雕刻、灰塑、彩绘、石雕等部分也能够体现出永泰工匠的高超匠艺。

2-20 石雕
2-21 雨埠墙上的灰塑与彩绘
2-22 牌匾与添丁梁上的彩绘
2-23 灰塑装饰
2-24 挂瓦与彩绘
2-25 屋脊彩绘

2.4 永泰庄寨的防御体系

2.4.1 选址特征

庄寨与大厝的最大区别在于建筑防御性的强弱。从选址的角度来看，大厝多位于地势平坦的山间盆地，而庄寨在选址上就体现出易守难攻的特征，必要时进行一系列的土地修整与改造，发挥地利优势，以有效分散土匪的攻势，御敌于寨门之外。

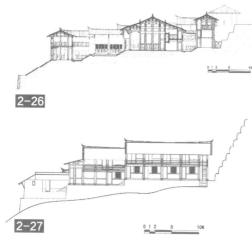

2-26

成厚庄悬于山顶台地

悬于台地、易守难攻

一些庄寨在选址初期就定位于高处的台地，特别是三面临陡坡、易守难攻之地，遭遇土匪时关闭寨门。由于门口及周围平坦的空间有限，难以展开兵力，因此可以大大提升防御的效率。例如，谷贻堂建于台地之上，背靠山坡，面临陡坡，下方有溪流。其侧面与背面无防御式围墙，正厅前方有围墙围合厢房，早期仅能通过一条石砌小路登上山坡从正门进庄。其防御主要依靠得天独厚的地理位置，敌人需经过高差达数十米的陡坡才能靠近该庄。成厚庄、宁远庄等庄寨的选址皆是如此。

2-27

改造地形、突出优势

除了将庄寨选址于较为宽阔、平坦的台地外，还可以通过削山为台地、后挖前垒，正面靠垒石墙形成高大的应敌面，后面依靠山势逐层抬高，将围墙逐级提升，形成高低错落的建筑空间，如绍安庄、中埔寨、爱荆庄。这样可以减少或避免土匪利用高差观察庄寨内部的情况，也能够顺应地势，节约修建围墙的石料、土料，减少施工量。

2-26 绍安庄侧立面图
2-27 谷贻堂横剖面图

挖掘资源、自给自足

在当时动乱的社会环境中，庄寨时常要面对土匪兵痞的长期围困，一旦被围，饮水和食物将遭受极大的威胁。这关系到庄寨应对围困、打持久战的能力。庄寨内部若有稳定的供给保障、自给自足，则能够凝聚人心、坚持到胜利，因此许多庄寨的营建都对水源和粮食储备表现出相当程度的重视。

给水系统

水井是庄寨用水的主要来源。在没有水井的庄寨，族人会从附近的溪边、河边或其他水源挑水倒入大缸中，以备使用。庄寨内部的水井多数位于露天处，如青石寨、中埔寨等的水井水质比较清澈。部分水井至今仍然在使用。

比较特殊的是绍安庄有一口古井呈半圆形，位于角楼的内部一层，需要从围屋二楼前往角楼，通过木制楼梯才能够到达，作为庄寨被围困时的备用水源。

排水系统

面对山区地形和多雨的自然环境，庄寨十分重视排水系统的建设，以防止洪涝灾害给庄寨建筑带来破坏，同时还能起到收集水资源的作用。庄寨有一套完整的排水系统，屋檐的雨水通过檐沟汇集到天井两侧的排水沟，再通过内部的水口滴落汇集到下一个天井，最后通过地下排水沟渠从水口排出庄外。有的庄寨将这些排水导入门外的泮池，既满足了当时社会对于风水的要求，也在实际上将这些降水储存起来，成为日常生活用水、农业灌溉用水和消防用水。这些营建智慧充分挖掘了自然资源的潜力，将庄寨打造成足以抵御外界侵害的自给自足的家园。

2-28 绍安庄角楼内部的半圆形水井
2-29 绍安庄的排水口
2-30 岳家庄位于二楼的粮仓

粮仓

粮仓一般位于前楼、后楼、护厝的二层，用于储存粮食，防备匪患。

2.4.2 土石结合的围护墙兴起

以木构为主的传统民居防御性较弱，族人无法积极防御匪患，只能被动逃跑。高大的夯土墙、垒石墙能有效抵御以冷兵器、鸟铳为主要武器的土匪的袭扰。依托夯土墙可以建造围屋，增加居住空间，也可以修建跑马道，连接角楼，大大提升庄寨的防御性。

夯土墙立面形式比较灵活，除正门外可开辟
1~2 个偏门

夯土墙的使用

在社会治安稍有好转，且受限于财力因素时，一些庄寨会在建设中就地取材，夯筑土墙，满足日常使用。夯土墙正立面形式比较灵活，除正门外，可以开辟 1~2 个偏门，便于进出。此类庄寨以一层为主，堡墙较矮，瞭望范围较近，防御性稍弱。

垒石夯土墙

下部垒石、上部夯土组成的垒石夯土墙具有很好的防御作用。垒石墙地基挖至老土层，若地基松软，则需以松木打桩、填石稳定基础。石墙两侧使用大石块垒砌，中间填充碎石，再用黄土填缝。每一块石料至少要与三块石头相接触才能保证石墙的稳定。垒石层顶部整平，在其上方夯土，至所需高度。这种垒石夯土墙厚度为0.5~1.5 米不等，在缺乏重火器的过去，单凭撬棍等工具很难破坏。

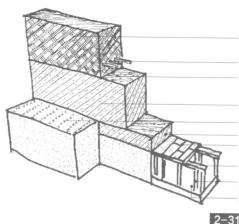

夯土墙

在夯土墙内部适当加入一些木条，增加拉结力

垒石墙顶部凿平

垒石墙

地面

垒石地基

以大块条石横跨木板，底部凿平，或用短石板拼接

木桩上铺松木板

若土质松软，打入松木桩，以土或碎石填缝

实土层

2-31

2-31 垒石夯土墙结构示意图

2.4.3 跑马道、角楼强化防御功能

角楼和跑马道的运用是庄寨防御体系走向成熟的标志，是对夯土墙与各类防御构造性措施的整合，是应对匪患愈演愈烈趋势的空间响应，是一种较为高级的防御模式，可以实现快速的攻守转换。

和城寨有四个角楼，防御能力更强。外圈一层为厚重的墙体，二层为跑马道，连接四个角楼。跑马道两侧均为夯土墙，与中埔寨的跑马道一侧为夯土墙另一侧为木质栏杆不同。

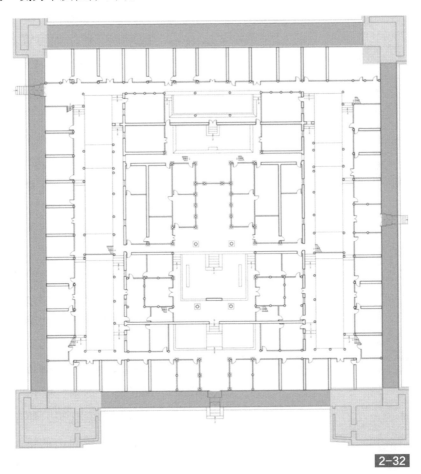

2-32

图2-32中四个角处为和城寨角楼，灰色部分为厚重的墙体，其上方为跑马道，跑马道两侧均为土墙。

2-32 和城寨平面示意图

角楼

角楼多为 2~3 层。规模较大的庄寨角楼常用垒石夯土形式，与外墙或者围屋连成一体。而在一些规模较小的庄寨，角楼可以采用夯土的形式，独立于建筑之外。大型庄寨一般有 2~4 个角楼。例如，绍安庄、爱荆庄就在对角线上分别建角楼，每个角楼观察、控制两个方向，并能保证墙根和墙面的安全。和城寨建有 4 个角楼，防御能力更强。

2-33

跑马道

跑马道是在高大的垒石夯土墙上修建的一圈环形贯通的通道，串联起角楼，形成点线结合的防御体系。跑马道将斗形窗、射击口等构造设施串联起来，便于全方位观察庄寨周边的情况，并予以还击。通过跑马道的贯通联系可以快速集结族人，形成局部优势力量，应对土匪从单一方向上的进攻。

2-34

2-33 和城寨的角楼
2-34 中埔寨的跑马道

从普通民居到庄寨的发展过程中，防御设施、防御技术等逐渐走向成熟，结合垒石夯土墙、跑马道、角楼等建筑空间，发展出一套较为完善的防御体系。

大门

大门是进出庄寨的必经通道，也是防御的薄弱环节，因此大门的设计与安装需要注意防火、防蛀、防撞、防破坏。在拥有夯土垒石墙的庄寨，选择厚重的大门很有必要。大门一般采用实心木料，厚度在 7 厘米以上，部分门外部包上一层铁皮，防止刀砍斧剁。当土匪躲藏到门洞中，难以从夯土墙面的射击口还击时，可以将烧开的桐油从二楼大门顶部的两个注油口淋下，将其烫伤。若土匪用火攻，妄图焚烧大门，同样可以从该口注水灭火。

在头重厅大门内侧门扇顶端刻有葫芦形、蝙蝠形等样式的浮雕，寓意族人"福禄双全"，同时可以防止匪徒从门底缝隙用杠杆将木门撬出门轴，直接将门扇推倒。二重厅的大门一般是用门板最中间一块的突出缘部分，突出 1.5 厘米，用于防撬。

例如，中埔寨正门有两层，平时外侧大门常打开，使用内侧木门分隔内外空间。当流寇来袭时，关闭外侧大门，拴好门闩，能有效防御入侵。大门的防御措施包括：厚重大门包铁皮、门顶设注水注油口、防顶门的石刻、门闩。

寨门所用木制门闩都比较粗大，两侧石中预留插入门闩的方形口。开门时，将门闩插入一边。关门时，将门闩抽出，伸入另一边，卡在门后，即可防止撞门。一些庄寨也会使用铁制门闩。

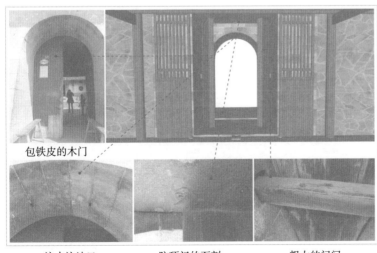

包铁皮的木门

2-35 中埔寨
大门防御性构
造示意图

注水注油口　　　防顶门的石刻　　　粗大的门闩　　**2-35**

射击口

庄寨的夯土墙上会设置各种角度斜向下的射击口，内部衬以中空的竹筒，射击躲在墙角的敌人。竹筒的粗细视需求而定，大小没有统一的标准。

斗形窗

斗形窗因其外形类似于斗而得名，是一种内大外小、内宽外窄的瞭望、射击窗，一般位于夯土墙二楼，少数庄寨一楼有斗形窗，个别庄寨在第三层也有斗形窗，如万安堡。

（1）在斗形窗两侧观察，能够获得更广阔的视野范围，而在庄外无法知晓内部防御人员的位置。

（2）斗形窗外侧口小，能够阻碍大部分流弹射入，保护寨内人员的安全。

（3）用枪从斗形窗向外射击，能够击伤远距离的敌人。

（4）斗形窗在不使用时可以关闭，防止外部窥探。

2-36

2-37

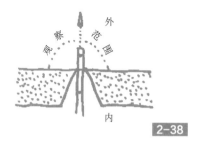
2-38

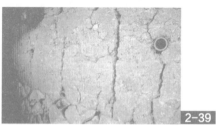
2-39

2-36 斗形窗内侧

2-37 斗形窗外侧

2-38 斗形窗的观察范围示意图

2-39 夯土墙（内侧）上的射击口

2.5 永泰庄寨的文化景观

庄寨是村落规划组织的单元，与周边农田、丘陵等景观关系和谐；庄寨也是明清时期稻作文化、山区商业文化的整体物质风貌的重要核心。庄寨建筑在选址定点、聚落格局、村落规划等方面体现了先辈对于自然环境的透彻理解，也是当时的宗族社会组织关系在物质形态上的直接反映，具有重要的价值。

永泰先民们在营造庄寨时不仅考虑到了军事防御能力，更是将其作为栖息的庄园和理想的住所精心营造。从永泰庄寨可以看出永泰人文精神之精髓、永泰建筑艺术之高峰、永泰历史文化之缩影。永泰庄寨是明清时期福州山区先民耕作繁衍、贸易发展的重要基点，生动展现了先辈在复杂的自然环境和动荡的社会环境中坚毅勇敢、拼搏开拓的精神。

永泰庄寨的山林、农田、建筑一起构成了独特的村落文化景观，体现了农耕社会人与土地的关系。这种人地关系并非一朝一夕就能够形成，而是基于长期以来的历史沉淀，从庄寨的选址、建设到周边土地的开垦、人口的逐渐繁衍，历经岁月的雕琢，形成独具特色的自然－人文互动关系。

2-40 坂中寨周边田地的肌理
2-41 坂中寨与周边土地、河流的关系
2-42 中埔寨与周边土地的肌理
2-43 爱荆庄周边景观

2.6 永泰庄寨的人文精神

2.6.1 风水理论

    永泰庄寨在相地、排水方面实践了我国东南地区代表性风水理论。水口的砌石常用葫芦、铜钱等形状。水口为葫芦，取意谓之"福禄"；金钱形水口代表财源广进。从风水角度考虑，排水出庄的地下排水管沟一般做成折线形，而不直接排出庄寨，并且会在正门厅设置一个直径约50厘米的小窖井，象征着财富不会直接外流。

2-44 不同形式的水口
2-45 宝善庄前门厅下的小窖井
2-46 渡奎庄的排水沟走向

2.6.2 文化传承

    庄寨中现存的许多实物与文献揭示了宗族社会中的家族变迁和文化传承。中国传统的宗族文化和社会秩序在庄寨的空间布局中得以体现。以宗族血脉为纽带，是我国传统乡土社会发展的重要特征。在过去"皇权不下县"的背景下，乡村主要依靠以血缘为核心的宗族关系自治，组织生产、生活。永泰庄寨的建设经历了漫长的过程，在宗族中较为富有的乡绅的推动下，汇集数年、数十年和数代人之力，才形成后来的规模。

随着族人开枝散叶，人口不断增长，若干年后，为了划分各家的财产与房产权属，用《阄书》的形式记录下来，作为后世子孙产权界定的依据。《阄书》是永泰先民关于如何分配庄寨房间及相关财物的记录文件，其中也记录了族人居住的房间和分配的明确规则与秩序。

此外，诸多庄寨拥有上百年的历史，是许多历史事件的空间载体，保留了大量古代文书、布告等珍贵的历史资料，是研究永泰历史文化的重要参考，是永泰庄寨文化特征的重要体现。这类资料涵盖范围很广，包括了地理风水、族谱资料、建造技术等诸多方面，时间上跨越了明朝、清朝、民国、中华人民共和国成立及改革开放以来的各个时期，忠实地记录了庄寨人民的生产生活，也是永泰文化代代相传的历史明证。

2-47

2-48

2-49

2-47 阄书
2-48 布告
2-49 藏书

2.6.3 宗族观念

　　延续至今的宗族观念维系着永泰地区的家族认同。在传统社会中，庄寨有时兼具祖庙的功能，每年在特定的节气和庆典时会祭祀先祖。而现代社会中，一些年轻人在人生的重要时刻如举行结婚仪式时依然会回到庄寨举办酒宴、告慰祖先，也展示了庄寨作为当地公共活动空间的重要作用。庄寨作为宗族祭祀、节日庆典及日常活动的场所，是闽东地域乡土文化的重要节点，也是离开故土的永泰人乡愁维系之所在。正是对庄寨生活的乡愁追忆，让身处城市的庄寨人感受到召唤，参与修缮，维持其公共性。

　　庄寨由同姓族人修建、居住、维护，宗亲是其所有者与使用者。庄寨作为集居住、防御、公共空间、祭祖信仰等多重功能于一体的综合性建筑群组，在结构上符合传统宗族的礼制规范。其门窗雕花与对联上的内容包括了宗族教育的内容，是文化教育的重要补充。

　　为了应对庄寨破损的情况，由宗亲推选出理事会，负责推动庄寨的修缮，凝聚族人共识，联络外地宗亲，通过血脉的力量筹款筹物，保护庄寨，联络族内感情。这些庄寨通过在全国同姓氏族范围内的联络与宣传，并向政府申请修缮补助，为庄寨的修缮筹集了大笔资金，并扩大了影响力。

2-50 庄寨中的婚礼
2-51 庄寨中的展示厅

2-52

2-53

2-54

2-55

2-52 中埔寨航拍
2-53 成厚庄航拍
2-54 爱荆庄航拍
2-55 昇平庄航拍

第三章　永泰庄寨保护与修缮技术要求

　　永泰庄寨的保护修缮应当依照《中华人民共和国文物保护法》等相关法律法规的要求，参考《古建筑保养维护操作规程》等相关技术标准，进行分级分类保护与管理。本导则将永泰庄寨分为重点庄寨与普通庄寨，重点庄寨的修缮应严格依照本导则开展施工，普通庄寨在修缮时可参考本导则。在导则编制过程中，编者及团队深入永泰乡间发掘当地匠作工艺，从木作、石作、土作、灰作、瓦作等方面的修缮技术与选材入手，采用手绘步骤分解图、手绘三维图等方式，辅以照片和口语化的说明文字，希望修缮的工匠师傅们能看得懂、用得上。

3.1 整体保护要求

对庄寨的修缮采取分级分类保护原则。

对庄寨本体，依照保留的完整程度与保护级别划分为重点庄寨与普通庄寨。其中，重点庄寨包括国家级、省级、市县级文物保护单位，以及政府相关部门认定的具有重要保护价值的庄寨；其他庄寨可以认定为普通庄寨。对重点庄寨，应严格依照本导则开展施工，保护要求更高，修缮手段更加慎重。

庄寨的各个结构（区域）依据其与核心价值的关系可以区分为核心结构（区域）与一般结构（区域）。对于核心结构，应当原状保护，使其符合真实性要求。而对于一般结构，在修缮时按照重点庄寨与普通庄寨之分，采用不同的标准进行修缮。重点庄寨原则上不允许改变原状；而普通庄寨为了便于利用，可以有局部改动，但要符合下表的规定。

庄寨分级分类修缮要求

结构类别	保护要求	类别	名称	保存、修缮的要求与手段
核心结构（区域）	1. 不得随意拆毁与破坏 2. 注重日常保养 3. 所有庄寨的修缮均应按"原形制、原材料、原工艺"的原则进行	厅堂序列轴线空间	正门厅、下落厅、正厅、后厅、后落厅	轴线上的厅堂不得拆除、新建； 修补地面不得覆盖柱础与封经石； 注重日常巡查与保养
		防御性构造与设施	大门	不得拆除、损毁，修缮时宜采用原式样
			跑马道	清理畅通，不得阻塞
			角楼	不得拆除，修复时宜采用原式样
			竹制枪孔	原样保留，不得填塞，可以适当利用
			斗形条窗	原样保留，不得填塞
		大木体系	穿斗梁架	使用传统工艺修复，不鼓励使用油漆
			看架	清理灰尘、保护彩绘
			五曲枋	清理灰尘、保护彩绘
			添丁梁	保护彩绘
			轩廊	轩顶复原时需采用原样式
		地域特色构造	太师壁添丁梁	原样保存
			木雕装饰	原样保存
			屋面装饰	原样保存，清理青苔，保护彩绘
			彩绘雨埂墙	不得破坏，原样修缮，保护彩绘
			泮池	原样保留，不得填塞
			瓦作、灰作	鼓励使用挂瓦加固，原样恢复

结构类别	保护要求	类别	名称	保存、修缮的要求与手段
一般结构（区域）	1. 按照重点保护类别和一般类别分类设定标准 2. 重点庄寨的修缮应按照"原形制、原材料、原工艺"的原则进行 3. 一般庄寨的修缮建议按照"原形制、原材料、原工艺"的原则进行	木作与石作	插栱	若缺失，鼓励补全
			斗	使用原样式补配，若歪闪则归正
			门窗	重点庄寨：须与原规格一致，中轴上的门窗不得使用玻璃
			柱础	使用原样式、原材料替换，外形与其他柱础一致
		墙体与墙面	外墙	重点庄寨：原状、原工艺、原形制恢复 普通庄寨：不得新开窗或安装与风貌不符的设施
			普通雨埞墙	不得使用水泥墙，鼓励垒砖、瓦或土，保护彩绘
			竹骨泥墙	推荐使用
		附属结构或设施	栏杆	廊道破损，补配木质栏杆
			水井	原样保留，不得填塞
			台基	重点庄寨：阶条石不得使用水泥替换 普通庄寨：建议使用阶条石
		空间结构	厢房	重点庄寨：斗拱等不得拆除，修复时外观不得使用水泥 普通庄寨：不建议外观使用水泥
			过雨廊	鼓励使用木地板、木质栏杆，不宜使用水泥
			围屋	及时修缮破损屋顶，不得在夯土墙上开洞
			天井铺地	重点庄寨：不得使用水泥覆盖 普通庄寨：不得新建与风貌不符的设施
		屋面构造与选材	屋面构造	日常巡查，及时补漏
			屋脊构造	重点庄寨：原样保存，不得在表层使用水泥 普通庄寨：不建议使用水泥
			瓦	鼓励使用老瓦或定制类似老瓦的新瓦

3.2 大木作修缮技术要点

3.2.1 大木墩接修缮步骤

阴阳巴掌榫

适用条件：

① 柱子根部糟朽较多，但未达到换柱标准。

② 墩接长度不得超过柱高的 1/3，通常明柱以 1/4 为限，暗柱以 1/3 为限。

③ 如果该柱有重要装饰或特别有价值，使用范围可适当放宽。具体依据现场情况确定。

核心要点

1. 采用暗榫相插
2. 尽量保存未糟朽部分
3. 墩接前清理干净木屑
4. 墩接木料应与柱身同树种且干燥充分

咩莱！

"咩莱"为永泰当地方言，意为"不行"。

不当做法

1. 可以墩接修缮的木柱被整根换掉
2. 墩接方式过于简易，如墩接面是平面
3. 使用有色油漆

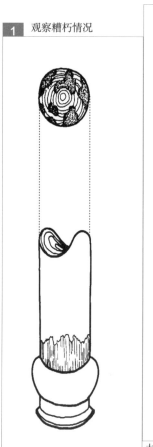

1 观察糟朽情况

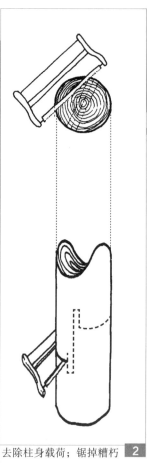

2 去除柱身载荷；锯掉糟朽部分

3 把新旧两截木柱各剁去柱子直径的一半

用胶将上下部分粘结在一起，合抱严实吻合，柱础归位 4

5 用两至三道铁箍箍紧，宽5厘米，厚0.4厘米

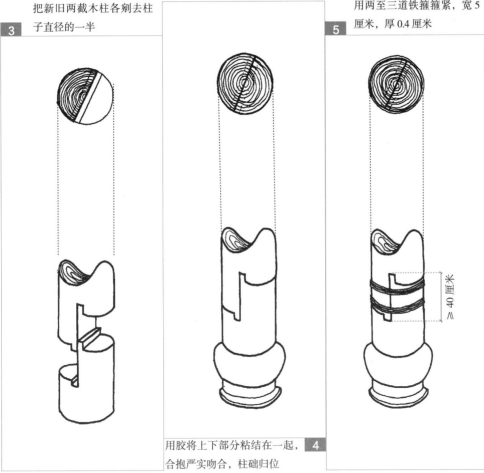

≥40厘米

莲花瓣榫

适用条件：

① 柱子糟朽严重，但未达到换柱标准。

② 墩接长度不得超过柱高的 1/3，通常明柱以 1/4 为限，暗柱以 1/3 为限。

③ 如果该柱有重要装饰或特别有价值，使用范围可适当放宽。具体依据现场情况确定。

核心要点

1. 采用暗榫相插
2. 尽量保存未糟朽部分
3. 墩接前清理干净木屑
4. 墩接木料应与柱身同树种且干燥充分

不当做法

1. 可以墩接修缮的木柱被整根换掉
2. 墩接方式过于简易，如墩接面是平面
3. 使用有色油漆

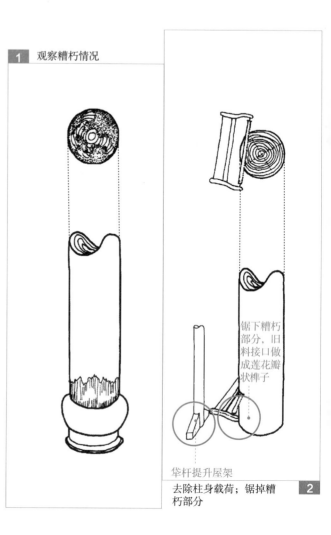

1　观察糟朽情况

锯下糟朽部分，旧料接口做成莲花瓣状榫子

华杆提升屋架

去除柱身载荷；锯掉糟朽部分　2

把新旧两截木柱各刓去柱子直径的一半，十字开口 **3**

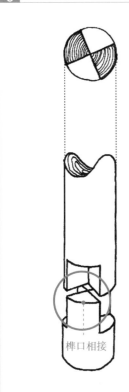

榫口相接

1. 墩接的新料刻成莲花瓣状，做成榫子
2. 应用同树种干燥木料

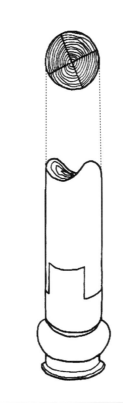

用胶将上下部分粘结在一起，合抱严实吻合，柱础归位 **4**

用两至三道铁箍箍紧，宽5厘米，厚0.4厘米 **5**

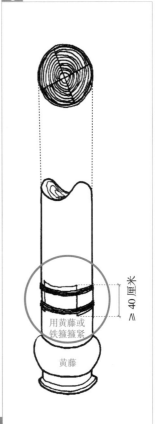

≥ 40厘米

用黄藤或铁箍箍紧

黄藤

3.2.2 大木挖补步骤

适用条件：

柱身小，局部糟朽，深度未达柱心，采用挖补方法。

核心要点

1. 尽可能保留未糟朽的部分
2. 补洞木块嵌补之前应将洞内木屑清理干净
3. 木块应选用与柱身树种相同的木料，并干燥充分，且顺纹通长

不当做法

1. 可以挖补修缮的木柱被整根换掉
2. 使用有色油漆
3. 使用水泥填缝

1 观察糟朽情况

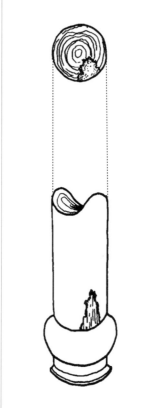

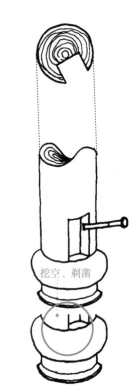
挖空、剃凿
凿掉腐朽部分 2

3 以备用木料填补，用木片楔
紧后用胶粘结

5 保持柱身干燥

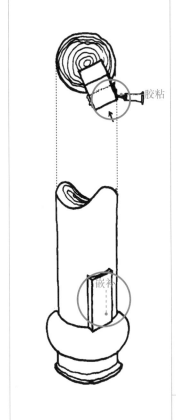

胶粘

嵌补

先刨后补

刨光

先填补木料，再将表面刨光
滑，然后用长铁钉固定 **4**

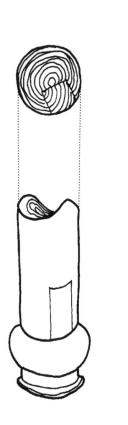

3.2.3 大木包镶步骤

适用条件：

糟朽深度不超过柱子直径的 1/4 可以用包镶法。

核心要点

1. 尽可能保留未糟朽的部分
2. 补洞木块嵌补之前应将洞内木屑清理干净
3. 木块应选用与柱身树种相同的木料，并干燥充分，且顺纹通长

不当做法

1. 可以包镶修缮的木柱被整根换掉
2. 使用有色油漆
3. 使用水泥填缝

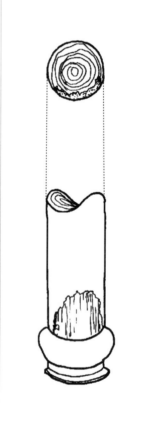

1 观察糟朽情况

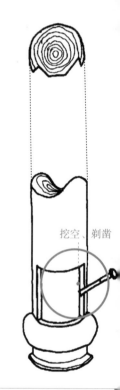

挖空、剔凿

凿掉腐朽部分

3　以备用木料填补，用木片楔
紧后用胶粘结

5　用两至三道铁箍箍紧，宽5
厘米，厚0.4厘米

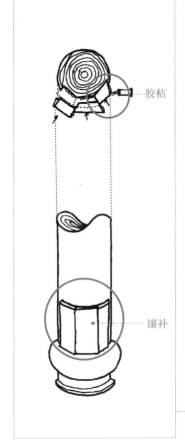

胶粘

镶补

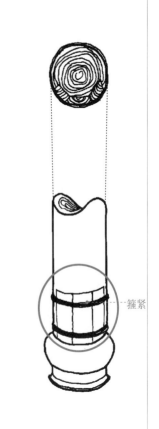

箍紧

先填补木料，再将表面刨光
滑，然后用长铁钉固定　**4**

刨光

3.2.4 大木劈裂修缮步骤

小劈裂

宽度在 0.5 厘米以内的细小缝隙及木材本身的天然小裂缝可采用此法修补。

裂缝填料可以使用环氧树脂腻子。

适用条件：

① 裂缝宽度在 0.5 厘米以内。

② 木材本身的天然小裂缝。

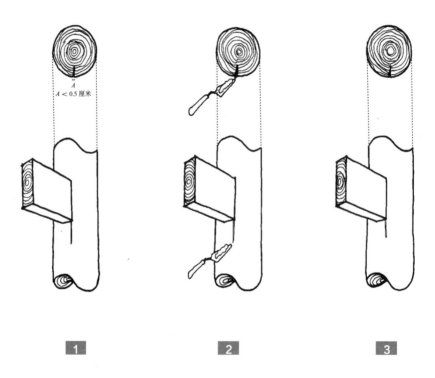

1   2   3

核心要点

1. 尽量保存未糟朽部分
2. 填缝材料强度不应大于构件本身的材料强度
3. 裂缝填料建议使用环氧树脂腻子

不当做法

1. 大范围使用有色油漆
2. 使用水泥填缝

中劈裂

宽度大于 0.5 厘米且小于 3 厘米的裂缝可用木条粘牢补严。

操作过程与大木构件挖补操作相同。不规则裂缝可用凿子加工成规则槽缝，以便用木条嵌补。

适用条件：

裂缝宽度大于 0.5 厘米且小于 3 厘米。

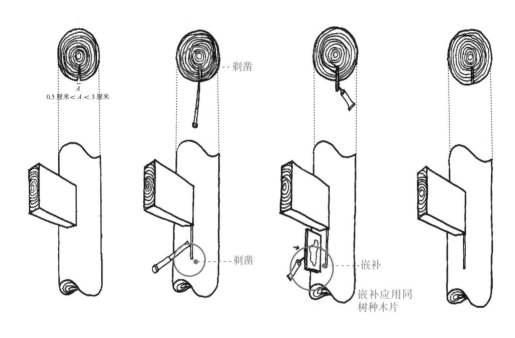

剃凿

0.5 厘米 < A < 3 厘米

剃凿

嵌补

嵌补应用同树种木片

1　2　3　4

核心要点

1. 尽量保存未糟朽部分
2. 填缝材料强度不应大于构件本身的材料强度
3. 裂缝填料建议使用环氧树脂腻子

使不得！

不当做法

1. 大范围使用有色油漆
2. 使用水泥填缝

大劈裂

宽度在 3 厘米以上且小于构件直径的 1/4，深达柱心的裂缝（裂缝宽度过大时应考虑更换构件）。

在木条粘补后外加两道铁箍箍紧，具体做法参考大木构件包镶操作。

适用条件：

① 裂缝宽度在 3 厘米以上。

② 裂缝宽度小于构件直径的 1/4。

③ 裂缝深达柱心（裂缝宽度过大时应考虑更换构件）。

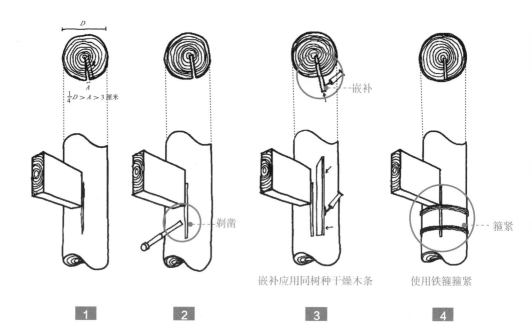

嵌补应用同树种干燥木条　　使用铁箍箍紧

1　　　2　　　3　　　4

 1. 尽量保存未糟朽部分

2. 填缝材料强度不应大于构件本身的材料强度

3. 裂缝填料建议使用环氧树脂腻子

4. 操作过程与大木构件包镶操作相似

不当做法 1. 大范围使用有色油漆

2. 使用水泥填缝

3.3 屋面修缮技术要点

3.3.1 龙舌燕尾脊结构与修缮要点

垫瓦层、青砖层、翘瓦层均逐次垫高，用黄土粘合，外部抹灰。

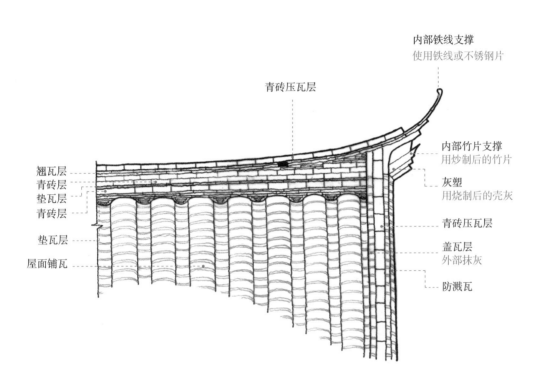

内部铁线支撑
使用铁线或不锈钢片

青砖压瓦层

翘瓦层
青砖层
垫瓦层
青砖层

内部竹片支撑
用炒制后的竹片

灰塑
用烧制后的壳灰

青砖压瓦层

垫瓦层

盖瓦层
外部抹灰

屋面铺瓦

防溅瓦

核心要点

1. 原样修缮，不得拆旧建新
2. 屋脊彩绘等装饰应当尽可能维持原状
3. 使用色彩相近的青砖压瓦
4. 鼓励使用传统工艺配制石灰用于修缮
5. 推荐使用老瓦或定制大厚瓦替换破损瓦片

不当做法

1. 屋面、翘脊表面大面积使用水泥
2. 选用红色压瓦砖或彩色琉璃瓦
3. 檐头收口大量使用色彩不协调的水泥

3.3.2 山墙面结构与修缮要点

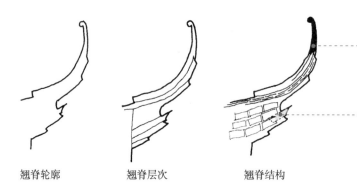

在翘脊内部使用铁线支撑、造型，外部用壳灰或石灰塑形；
修缮时可以使用不锈钢丝替代铁线，以防止锈蚀

内部用炒制后的竹片支撑，垒砖、瓦造型，外部用壳灰或石灰等材料抹面

翘脊轮廓　　　　翘脊层次　　　　翘脊结构

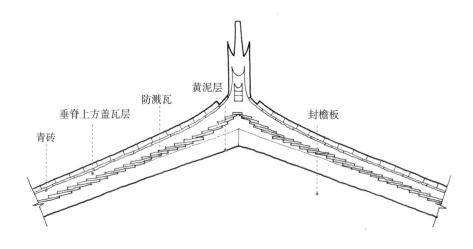

青砖　　垂脊上方盖瓦层　　防溅瓦　　黄泥层　　封檐板

核心要点

1. 原样修缮，不得拆旧建新
2. 屋脊彩绘等装饰应尽可能维持原状
3. 使用色彩相近的青砖压瓦
4. 鼓励使用传统工艺烧制石灰用于修缮
5. 推荐使用老瓦或定制大厚瓦替换破损瓦片

不当做法

1. 屋面、翘脊表面大面积使用水泥
2. 选用红色压瓦砖或彩色琉璃瓦
3. 檐头收口大量使用色彩不协调的水泥

类型一、类型二

青砖，外部可抹壳灰、石灰

推荐使用老瓦或定制大瓦

类型一：多层压瓦与压石型

多用于厅堂之上，结构较为复杂，高度更高，更强调等级感

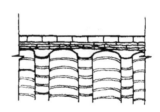

类型二：单层压瓦与压石型

多用于围屋、厢房之上，结构较为简单

核心要点

1. 原样修缮，不得拆旧建新
2. 屋脊彩绘等装饰应尽可能维持原状
3. 使用色彩相近的青砖压瓦
4. 鼓励使用传统工艺烧制石灰用于修缮
5. 推荐使用老瓦或定制大厚瓦替换破损瓦片

不当做法

1. 屋面、翘脊表面大面积使用水泥
2. 选用红色压瓦砖或彩色琉璃瓦
3. 檐头收口大量使用色彩不协调的水泥

类型三、类型四

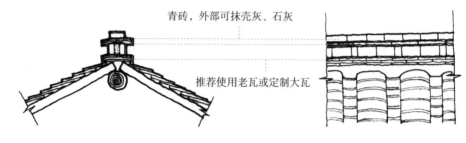

青砖，外部可抹壳灰、石灰

推荐使用老瓦或定制大瓦

类型三

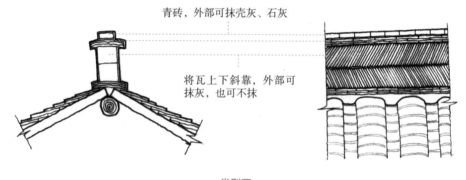

青砖，外部可抹壳灰、石灰

将瓦上下斜靠，外部可抹灰，也可不抹

类型四

核心要点

1. 原样修缮，不得拆旧建新
2. 屋脊彩绘等装饰应尽可能维持原状
3. 使用色彩相近的青砖压瓦
4. 鼓励使用传统工艺烧制石灰用于修缮
5. 推荐使用老瓦或定制大厚瓦替换破损瓦片

不当做法

1. 屋面、翘脊表面大面积使用水泥
2. 选用红色压瓦砖或彩色琉璃瓦
3. 檐头收口大量使用色彩不协调的水泥

类型一

类型一
竖向有望板，适用于厅堂屋面，有时用于厢房出檐部分的层面

第一步
将椽子钉在檩上，再在椽子上钉望板

第二步
正脊两侧铺瓦。在正脊两侧铺一层瓦，屋面中轴线上盖瓦

第三步
屋面铺瓦。从檐口开始由下往上铺瓦，层层叠压。底瓦与盖瓦均可搭七露三或搭六露四。缝隙处可以用碎瓦片填充，瓦片外部可抹石灰，可用青砖压瓦（用于厢房、围屋）

第四步
垒砌屋脊。在屋脊盖瓦上按照需要叠加若干瓦片与青砖（主要用于厅堂）

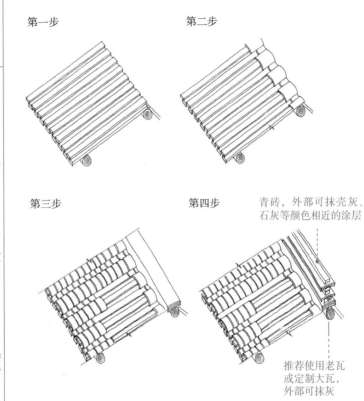

第一步

第二步

第三步

第四步

青砖，外部可抹壳灰、石灰等颜色相近的涂层

推荐使用老瓦或定制大瓦，外部可抹灰

核心要点

1. 使用色彩相近的青砖压瓦
2. 鼓励使用传统工艺烧制石灰用于修缮
3. 推荐使用老瓦或定制大厚瓦替换破损瓦片

不当做法

1. 屋面、翘脊表面大面积使用水泥
2. 选用红色压瓦砖或彩色琉璃瓦
3. 檐头收口大量使用色彩不协调的水泥

类型二

类型二
冷摊瓦（没有望板），适用于围屋、厢房等房间屋面的修缮

第一步
将椽子钉在檩上

第二步
正脊两侧铺瓦。在正脊两侧铺一层瓦，屋面中轴线上盖瓦

第三步
屋面铺瓦。从檐口开始由下往上铺瓦，层层叠压。底瓦与盖瓦均可搭七露三或搭六露四。缝隙处可以用碎瓦片填充，瓦片外部可抹石灰，可用青砖压瓦（用于厢房、围屋）

第四步
垒砌屋脊。在屋脊盖瓦上按照需要叠加若干瓦片与青砖（主要用于厅堂）

第一步　第二步

第三步　第四步

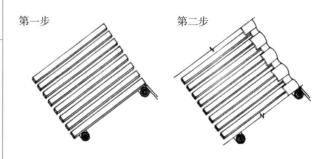
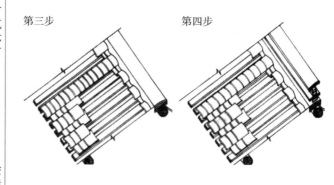

核心要点

1. 使用色彩相近的青砖压瓦
2. 鼓励使用传统工艺烧制石灰用于修缮
3. 推荐使用老瓦或定制大厚瓦替换破损瓦片

不当做法

1. 屋面、翘脊表面大面积使用水泥
2. 选用红色压瓦砖或彩色琉璃瓦
3. 檐头收口大量使用色彩不协调的水泥

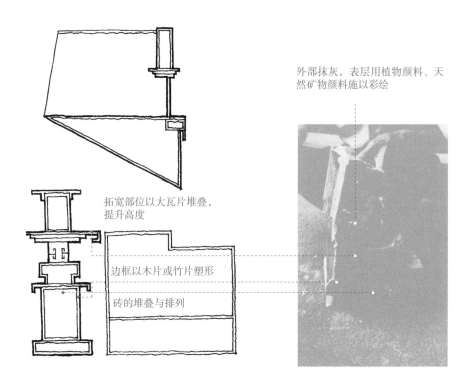

外部抹灰，表层用植物颜料、天然矿物颜料施以彩绘

拓宽部位以大瓦片堆叠，提升高度

边框以木片或竹片塑形

砖的堆叠与排列

核心要点

1. 原样修缮，不得拆旧建新
2. 现有残留彩绘等尽可能保持原状
3. 在依据不充分的情况下不建议大面积修复
4. 鼓励使用传统工艺烧制壳灰用于修缮

不当做法

1. 雨埂墙表面大面积使用水泥
2. 在有残留彩绘的情况下全部新做，把老彩绘铲除或覆盖

3.4 石作、土作、灰作修缮技术要点

3.4.1 垒石夯土墙的结构与修缮要点

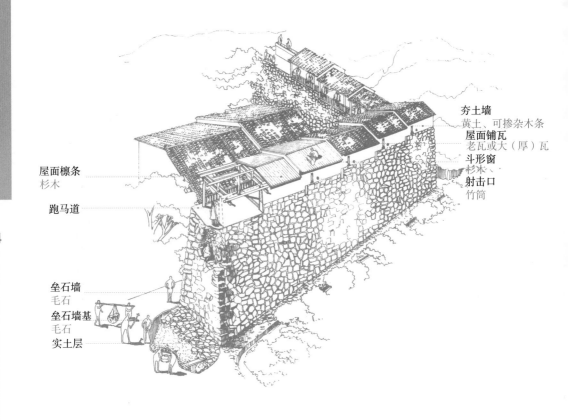

夯土墙
黄土、可掺杂木条
屋面铺瓦
老瓦或大（厚）瓦
斗形窗
杉木
射击口
竹筒

屋面檩条
杉木

跑马道

垒石墙
毛石
垒石墙基
毛石
实土层

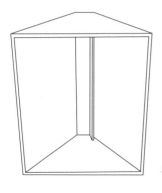

斗形窗

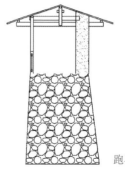

跑马道

墙体开裂原因

（1）夯筑土壤含水量过高，土壤黏性大，夯筑后水分散失，导致开裂。

（2）每一层夯筑高度偏高。筑板高 40 厘米，每次夯筑 37~40 厘米，没有分层夯筑，不能夯实，过于松散。

（3）夯土的劳动力年龄偏高，平均年龄在 60 岁以上，受到体力限制，没能力把土夯得特别实。

夯筑技巧

（1）夯筑的土提前 5~6 天用透气性好的稻草闷熟，调节含水率。

（2）在夯筑时横向与纵向均加入枝条，增加拉结力，在结构上也能够保障安全。

（3）筑板高 40 厘米，不应一次夯筑完成，每次架设筑板多层逐次夯筑，每层土厚度约 10 厘米，夯实一层后再堆一层浮土继续夯实，直至 40 厘米厚，然后移动筑板，夯筑下一段墙体。在有条件时可以使用机器代替人工夯筑。夯筑后用长条木板将刚夯的土墙侧面拍实。

（4）经过若干年，墙体彻底干燥后，可以用草拌泥涂抹于墙体表面，防止雨水侵蚀。

核心要点

1. 维持垒石夯土墙外观
2. 保留跑马道、斗形窗、射击口、注水注油口等防御性设施
3. 鼓励使用传统夯筑技术修补破损的垒石夯土墙

不当做法

1. 拆除垒石夯土墙，代之以水泥墙
2. 墙面大面积涂抹水泥或使用瓷砖
3. 拆除斗形窗，并扩大成铝合金窗
4. 私搭乱建，拆除、占用墙体与跑马道

3.4.2 外墙挂瓦修缮要点

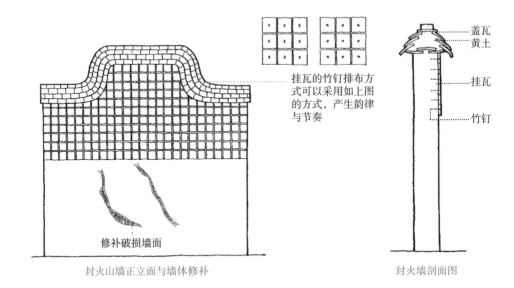

挂瓦的竹钉排布方式可以采用如上图的方式，产生韵律与节奏

盖瓦
黄土
挂瓦
竹钉

封火山墙正立面与墙体修补　　　　　　封火墙剖面图

修补破损墙面

夯土墙面开裂，视裂缝大小采用不同手段修补：

（1）小裂缝：用黄泥填补。

（2）中裂缝：裂缝处用碎瓦片填充，缝隙处及表面填黄泥。

（3）大裂缝：裂缝处用砖、碎瓦片填充，缝隙处及表面填黄泥。

在挂瓦中间打出小孔，使用炒制杀青后的竹钉将瓦钉入墙体。钉牢后，用壳灰或者灰胶泥封住钉头，以免腐蚀。

核心要点

1. 维持挂瓦现状
2. 修补的挂瓦大小、色彩应当统一
3. 鼓励使用传统工艺烧制壳灰、配制石灰用于修缮
4. 墙帽、墙面等非隐蔽部位不得使用水泥

不当做法

1. 墙体表面大面积用水泥修补
2. 使用不同色彩的挂瓦

3.4.3 歪斜墙体扶正方法

适用条件

先判断墙体倾斜程度，若墙体倾斜幅度较小，可采用下述方法扶正；若墙体倾斜严重，易引发安全事故，则经过评估后可以采取其他工程设施予以修缮，必要时可以拆除重建。

扶正步骤

（1）以铅垂线确定墙体歪闪程度。

（2）在墙面铺设木板，使墙面受力均匀。

（3）用一排木杆斜撑墙面，并斜向施力，在墙体另一面使用少量木杆支撑，以防施力过度。

（4）持续用木杆顶向墙体，直到将墙体扶正。

（5）撤掉相关工具，完成扶正。

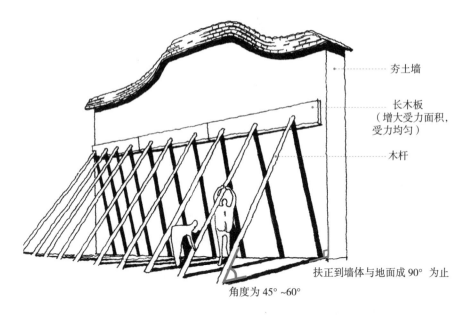

夯土墙

长木板
（增大受力面积，
受力均匀）

木杆

扶正到墙体与地面成 90° 为止

角度为 45°~60°

核心要点
1. 维持墙帽、挂瓦等结构原状
2. 支撑木杆与地面夹角推荐为 45°˜ 60°
3. 支撑木杆应持续用力

不当做法
1. 歪闪墙体修缮未经过评估，简单拆除
2. 用水泥柱、砖石结构支撑墙体

3.4.4 地基沉降处理方法

地基沉降会导致一系列问题。首先要判断地基沉降的原因，并采取不同的解决方案加以修缮。若地基沉降是由于多根柱子立于同一阶台上，而阶台的旁基膨裂、移位，则应对阶台进行修缮、归安。若由于水土流失导致柱础下方土壤松动、基础沉降，则需经过打牮移除柱础，处理下方地基后归安柱础（如下图所示）。

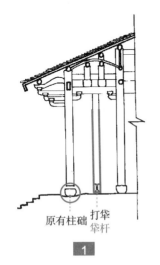

原有柱础　打牮牮杆

1

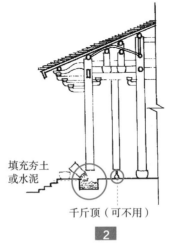

填充夯土或水泥

千斤顶（可不用）

2

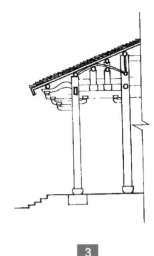

3

（1）评估梁、枋等大木结构的保存状况，判断其受力情况。

（2）将木构架榫卯处的涨眼料（木楔）、卡口等去掉，有铁件的将铁件松开。

（3）使用多根牮杆同时顶起木构，抽出柱础。

（1）在沉降的地基处挖出礎石，取出松土，挖至实土层，用混凝土填实、找平。水泥不外露。

（2）归安礎石，或参照本庄寨内其他相似柱础的形式找平地面。

（1）移回柱础，放下牮杆。

（2）重新掩上卡口，用木楔加固榫卯接口。

核心要点

1. 更换的柱础应与原柱础样式保持一致
2. 沉降的地基推荐使用夯土，若使用水泥，不得使之暴露在外

不当做法

1. 地基没有夯实
2. 更换的柱础形制、材料与其他差别太大

草拌泥

泥墙内部构造

木骨泥墙构造示意图

木框架 苇杆或竹片编成网状

泥墙

木骨泥墙构造侧视图

草拌泥 浸在水中的稻草

（1）在田里蓄水，把稻草切碎，放入水中，每5~6天翻搅一次。

（2）待稻草在水中腐烂，约20天后把水篦干，用担子挑出，放在硬地面上碾压（或用脚踩），踩到收水时即具有黏性，最佳状态为"看起来都是草，看不太出土"。

（3）将草拌泥抹在墙上或其他需要的地方，晾干即可。

泥墙具有材料廉价、获取方便、保温性好等优点，在我国传统建筑中广泛使用。其内部以竹条、苇杆等材料支撑，编好后在其表面涂抹草拌泥。待草拌泥干透后可抹灰，也可不抹。

核心要点

1. 参照原样，少放砂或其他材料，保证泥墙色彩统一，与周围相协调
2. 表层鼓励使用白灰，不建议使用水泥

不当做法

1. 稻草配比较少
2. 墙面的草拌泥未干透就抹白灰

注意事项：

（1）稻草浸泡时间应当依据稻草的实际情况决定：若稻草比较新鲜，则需要多泡几天；若腐烂，则少泡几天。泡太久或过于腐烂会导致草拌泥的粘结性不强、拉力不够。

（2）草拌泥中加入的稻草量不足时，拉结力不足，墙面容易开裂。

（3）草拌泥中若掺入较多砂，则颜色偏深，与土墙及老的泥墙颜色不协调。

（4）若泥墙上的草拌泥未干透就抹灰，则墙面开裂明显。

3.5 小木作修缮技术要点

3.5.1 格扇门的结构与修缮要点

隔扇门

格扇门是永泰庄寨装修的重要组成部分，一般在庄寨的厅堂、厢房等位置使用，以精美的细木雕花为特色。门扇上一般雕刻传统故事教育族人，或者雕刻花草、金钱等寓意富贵吉祥。

镂空雕花的门窗一是私密性不佳，二是在冬季或雨天使用不便。永泰庄寨的格扇门通过采用可滑动的门板克服了这两个缺陷：在天气晴好时放下门板，以利于采光通风；夜间或有风雨、天气寒冷时升起门板，便于保暖，提高私密性。木板通过两侧的滑轨抬升与放下。在门板中部有一个可旋转的小木块，在抬升时顶住木板，保证其不会滑下。

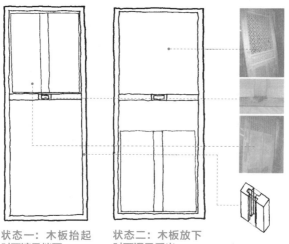

雕刻花窗
图中为木板放下时
正面的情况
花窗应选用樟木

可旋转的木销子，用于木板抬升后固定

木板抬升，遮挡花窗
图中为木板抬升时背面的情况

木板与门的关系：
通过滑轨上下运动

状态一：木板抬起时可遮风挡雨   状态二：木板放下时可通风采光

核心要点

1. 对现存的格扇门应当予以保留，修缮时不应拆除木板、滑轨等结构
2. 破损严重的格扇门，修复时应遵照原有式样；若无木板与滑轨，不建议新增相应构件
3. 格扇门表面尽量保持原状，不得破坏整体风貌
4. 补配雕刻应当参照庄寨内其他未损坏的相应构件

不当做法

1. 原本没有滑轨的格扇门新增滑轨
2. 涂刷红、绿色等颜色鲜艳的油漆

什锦窗

什锦窗一般位于正厅前廊两侧官房的二层，也常见于其他厅堂的墙面。花样繁多的什锦窗是永泰庄寨的重要装饰。如图所示是比较常见的什锦窗的式样，以方形、圆形、多边形、扇形及祥云形等式样居多。

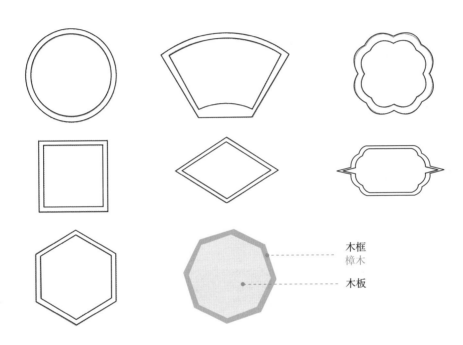

木框
樟木
木板

核心要点

1. 保留现存的什锦窗
2. 对破损严重的什锦窗，修复时应遵照原有式样，不得轻易改变
3. 缺失的什锦窗再修补时应当参照庄寨内其他未损坏的什锦窗样式

不当做法

1. 涂刷与整体风貌不符的有色油漆，如高饱和度的红、绿色
2. 拆除什锦窗，改为铝合金窗
3. 把原本不用的什锦窗做成同一样式

3.6 修缮材料选择的要点

3.6.1 木

木料是庄寨修缮中使用最多的材料,推荐使用与待修缮部分相同的木料。一般木料选材要求如下:使用的木料应经过充分干燥,含水率应低于30%,否则容易产生劈裂等问题。

3-1

大木

包括木柱、木梁、木枋、木檩条、木橼子等。一般采用杉木进行修补、墩接、替换。

3-2

小木

包括门窗、五曲枋、廊轩等带有大量木雕的部位。依据原有材料,选择樟木、杉木等木料进行维修,或补配缺损、被盗的木雕构件。

3-1 大木使用的杉木
3-2 小木使用的樟木

黄土

黄土是庄寨夯土墙的重要材料。推荐使用本地稻田的深层土。在取土前应当去除表层含有大量腐殖质的土层，使用位于下层的黄土。夯土过程中，黄土中可以加入一些枝条以增加拉结力。

庄寨厅堂地面多采用三合土夯筑。修缮时建议采用三合土工艺。不建议使用水泥涂抹地面。

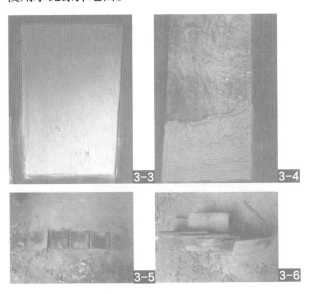

3-3

3-4

3-5

3-6

老瓦与新瓦

瓦主要有两种用途：屋面铺瓦与挂瓦。老瓦比新瓦尺寸大、厚度厚，且色彩与整体风貌相协调。民国时的瓦较之于清末的瓦偏小、偏薄。近年来烧制的瓦最小、最薄，有时还会上下两端大小一致，在屋面压瓦时容易造成漏雨。

修缮中的用瓦推荐购买其他老宅拆除后保留完好、可以继续使用的瓦片，或者通过定制的方式烧制规定尺寸的瓦。维修时，将所有老瓦集中用于正厅、上（后）落厅、下落厅、正面屋顶等重要、显眼的部位。其他部位老瓦不足时可用新瓦。

烧制时期	瓦片尺寸（厘米）			
	a边长度	b边长度	c边长度	厚度
清末	275	265	275	15
民末	240	230	237	9
现代	240	223	255	8

注：瓦片尺寸数据由项目组在庄寨中实测获得

3-3 修缮后的竹骨泥墙

3-4 老泥墙（上）与修缮不当的泥墙（下）

3-5 不同时期的瓦片大小比较

3-6 不同时期的瓦片厚度比较

注意！

修缮中禁止使用水泥瓦！

3.6.4 砖、石

3-7
3-8
3-9
3-10
3-11

砖

庄寨中砖主要用于拱券门等部位，或者用于压瓦及填充屋脊。庄寨中的用砖均为青砖。

修缮时推荐使用青砖或其他色彩相近的砖，不建议采用红砖等差异较大的砖。

石

庄寨中的用石有多种形式，主要有条石、毛石与卵石。条石主要用于寨门、天井铺地等部位，毛石和卵石主要用于修建垒石夯土围护墙，另有部分石料经雕刻后作为柱础。

修缮时推荐使用相同类型或者颜色相近的石料，不允许用混凝土代替石材。

3-7 用于压瓦的砖
3-8 用于填充屋脊的砖
3-9 石作柱础
3-10 石材铺地
3-11 垒石夯土墙

3.6.5 漆、彩绘

漆

庄寨用漆主要在寨内厅堂木柱上的楹联。

对保存基本完好的油漆，建议不做修缮，保持现状。其他部位一般情况下不允许新做油漆。

3-12

彩绘

庄寨中彩绘主要用于雨埕墙、添丁梁及部分屋脊。

对保留完好的彩绘，建议不做修缮，保持现状。在依据充分、必须修缮的部位，推荐采用传统矿物颜料、植物颜料。不建议使用现代化学颜料。

3-13

3.6.6 铁、竹、灰

铁

庄寨中用铁较少，主要用于龙舌燕尾脊起翘部分的内部支撑，修缮时可以采用不锈钢材料代替。此外，庄寨中用老式手工铁钉固定橼子、封檐板，修缮时可用传统手工钉或现代机制钉。

3-14

竹

庄寨中竹主要用于龙舌燕尾脊内部支撑，修缮时可以采用不锈钢材料代替。此外，庄寨中多采用竹钉钉墙面挂瓦，修缮时推荐采用原材料、原工艺修缮。

有的庄寨正厅前方会悬挂手工编制的竹帘，用于遮挡夏日的阳光与暴雨。有条件的推荐按照传统材料与工艺修复竹帘。可参照丹云的洋中寨中保存较为完好的竹帘修复。

3-15

灰

庄寨用灰主要分为两类，即石灰与壳灰，主要用于屋脊、墙面、雨埕墙等部位的外表面涂抹。

对于暴露在外、受日晒雨淋的部位，如屋脊、外墙、雨埕墙等，推荐使用传统的壳灰，更加牢固。不允许全部用水泥代替石灰和壳灰。

3-16

3-12 对联底色用漆

3-13 彩绘用矿物颜料

3-14 翘脊内起支撑作用的铁线

3-15（丹云）洋中寨的竹帘

3-16 屋脊灰塑

3.7 不恰当的材料与技术

新修建的水泥厢房

庄寨部分被拆除，翻建新建筑

外墙表面大量使用水泥

厕所墙面使用瓷砖，影响庄寨风貌

翘脊使用水泥

屋脊使用水泥

使用水泥砖压瓦

屋面使用水泥

楼梯使用水泥

使用红砖修补，风貌不协调

使用红砖修补，风貌不协调

夯土含水率过高，夯筑不实，导致墙面开裂

夯土含水率过高，夯筑不实，导致墙面开裂

草拌泥含水率过高，成分配比有问题

不应使用色彩突兀、不协调的油漆

不应使用色彩突兀、不协调的油漆

油漆工艺不当

柱础未按原形制补配

柱子墩接工艺过于简单

柱子墩接工艺过于简单

电线露明未穿管，存在安全隐患

第四章　永泰庄寨保护修缮审批流程

4.1 庄寨修缮审批要点

4.2 庄寨修缮审批流程

　　在永泰庄寨修缮申报和审批环节中，对不同保护级别、不同类型的庄寨进行分级分类保护，为合理利用、发挥庄寨应有的功能提供保障。庄寨修缮要以庄寨理事会为主体进行申请，永泰县历史文化发展中心组织专家委员会对修缮方案开展评审，对修缮成果进行验收。通过"样板试做"的工序，对修缮效果进行控制。

4.1 庄寨修缮审批要点

重点庄寨

对于重点庄寨的修缮，应当采用比较严格的修缮标准，在关键部位的修缮中应当遵照导则中规定的核心要点，制订修缮方案。若需要政府资助修缮，则需要提交相应的申请和资金使用计划，并受到历史文化研究发展中心的监督与管理。

重点庄寨的修缮方案应当提交专家委员会进行审查。对其中不符合导则要求的修缮内容，要求庄寨理事会进行修改；对不当做法应当加以禁止；对符合导则要求的修缮方案予以批准,并通过样板试做的方式控制最终的修缮质量。

普通庄寨

对于普通庄寨的修缮，建议采用比较严格的修缮标准。应当遵照导则中规定的核心要点，修缮前提交修缮部位的照片与修缮说明。需要申请政府资助的普通庄寨，还需要提交相应的申请与资金使用方案，并受到历史文化研究发展中心的监督与管理。

样板试做

样板试做，顾名思义，即对庄寨修缮中需要大规模使用的材料与技术，如垒石夯土墙表面抹灰、屋面屋脊修缮、油漆使用等，在正式修缮前在次要部位进行试做。试做样板以 1 米见方为宜，可用不同材料与工艺做成几大块样板，完成后请专家到现场评审。专家认可后，方可进行大规模修缮施工；如果专家不认可,则应按要求改变材料与工艺,再一次进行样板试做，直到专家评估通过。

样板试做是庄寨修缮中最终效果控制的关键环节，既能够保证修缮质量，降低施工风险，又能够避免修缮材料与工艺不当而导致不可逆的破坏。

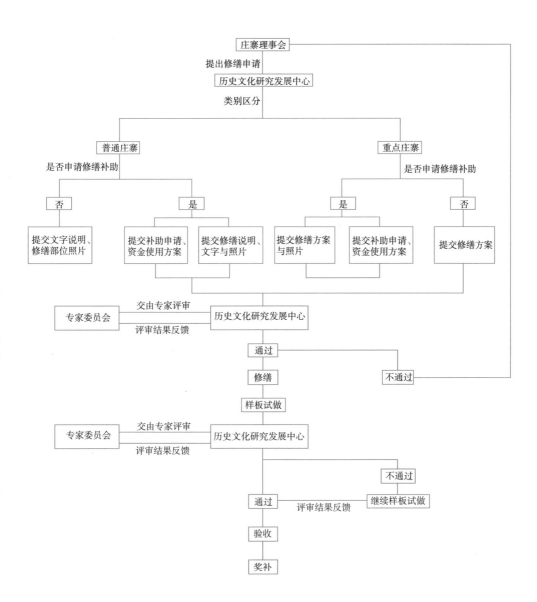

第五章 永泰庄寨附属设备设施安装要求

5.1 厕所与给排水

5.2 电线与电器设备

5.3 防盗设施

5.4 防火设施

5.5 防雷设施

　　给排水、电力、消防、安防、防雷等设备设施直接关系到庄寨建筑本体的安全及居民日常生活的便利度，应加以重视。厕所的修建应与庄寨的建筑风貌相协调，并且顺应原有的给排水管网。庄寨中的电线外部应加装绝缘管或金属管，并刷成木色。庄寨中应放置足够的灭火器。有条件的庄寨还应逐步建立符合规范的安防、消防和防雷系统。

5.1 厕所与给排水

5.1.1 厕所的修建引导

厕所修建

厕所若设在庄寨内，可设于围屋等隐蔽部位，依托已有房间，不改变房间外部风貌，内部可以用现代化的设施，但在外部应观察不到。

厕所也可以独立设于庄寨之外的背面或侧面隐蔽部位。新建厕所推荐使用木构、垒石或夯土结构。

不建议使用瓷砖。不建议全县所有庄寨厕所修建为统一样式。建议引入本庄寨的特色元素符号，突出自身特点。

厕所设施应充分考虑卫生和日常维护的便利性，要易于清扫和冲洗。所有排污管要接入化粪池。化粪池可以结合修建成沼气池。

核心要点

1.外墙表面不得使用水泥或瓷砖

2.内墙可以使用瓷砖，但在厕所外应看不到

3.鼓励使用木构、垒石、夯土等传统材料与结构

5-1   5-2

给水

给水水源可利用市政管网，也可利用原有水井。庄寨中的水井应当保留。

保持水井的卫生、洁净，防止动物粪便、杂物进入水井。若在庄寨内铺设管线，应当使管线入地或设置于隐蔽部位，不应影响庄寨风貌。若因工程原因必须外露水管，推荐使用金属管，不建议使用 PVC 管。

排水与防洪

（1）在正门入口处有折线形排水管道，正对门的位置有圆形窨井的庄寨，具有传统风水寓意，并且具有实际排水功用，应该按照原形制进行修缮，不得改变。

（2）屋顶间连接处一般有单天沟和双天沟两种排水方式，要根据庄寨原有形式进行修缮，屋顶排水沟不能选用其他方式。

（3）排水沟修缮时，可在沟壁和沟底使用水泥，但修缮后的表面仍应为传统材料。

（4）庄寨内排水口多为富有寓意的造型，修缮时应参考本庄寨主要造型进行设计和修缮。

（5）庄寨外部排水应有排水沟，根据地势条件排入周边低洼的池塘或河流。

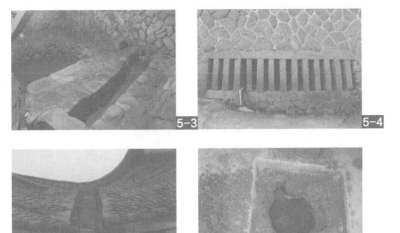

5-3   5-4

5-5   5-6

5-1 水井
5-2 排水口
5-3 水井及排水沟
5-4 排往寨外的水口
5-5 屋面排水天沟
5-6 具有风水寓意的
    排水窨井

第五章

永泰庄寨附属设备设施安装要求

5.2
电线与电器设备

5.3
防盗设施

5.2 电线与电器设备

　　庄寨中的电线一律不能裸露在外，所有强电电线均应外包绝缘管或金属管，防止老鼠啃咬造成电线短路，进而引发火灾。电线的排线应尽可能隐蔽，如位于地板下、木檩条上皮、木梁架上皮、砖墙内等部位。绝缘管外表建议刷成木质颜色，使管线与建筑整体相协调。

　　庄寨中禁止使用高功率、荷载过大的电器，如电加热器、电取暖器等容易引发火灾的电器。应防止电器设备过载而引发火灾，尤其是电线线路尚未改造的庄寨，更应该严格控制。

5-7

5.3 防盗设施

5-8

　　庄寨中有条件的，应在重要位置安装防盗设施，以监控摄像头为主。根据庄寨规模确定摄像头的数量。监控范围应覆盖庄寨重要部位，包括大门，正厅、上（后）落厅、内天井、精美木雕、雕刻的柱础等。摄像头的位置应尽可能隐蔽，不影响庄寨整体风貌。

5-7 电线外包绝缘管（建议刷成木色）

5-8 防盗摄像设施

5.4 防火设施

　　庄寨防火设施与设备应当作为庄寨安全工作的重中之重,有条件的庄寨应在开展保护修缮项目的同时按照文物建筑防火规范进行系统性的消防安全设计,包括设置消火栓、灭火器、消防水池、消防控制设备、火灾自动报警系统等。条件尚不成熟的庄寨应配备足够数量的灭火器。每一组建筑均应配备灭火器,且相互之间的距离不超过20米。每层均应配置灭火器,且放置于显眼位置。

5-9

　　平时,每年应组织庄寨内及周边村民进行消防灭火演练,熟悉消防设施的使用方法。应每季度检查所有消防设备、设施是否完整、是否过期、是否能够正常使用。此外,庄寨中的传统灭火组织方式与灭火智慧也应当继续保持。

5.5 防雷设施

　　庄寨建筑位于开阔地带或台地之上时容易受到雷击。所有庄寨在有条件时均应该考虑加装避雷设施,其中包括避雷针、避雷带等。避雷设施的安装应聘请专业单位,按照古建筑防雷相关规范执行。庄寨中禁止在屋顶或高空自行安装各种天线。

5-10

5-9 庄寨中需要常备灭火设施
5-10 避雷设施安装示意

第六章　永泰庄寨的日常保养与维护

6.1 日常巡查

6.2 年度清洗

6.3 匠师培训

　　庄寨的日常保养与维护十分重要，是延续庄寨使用寿命的重要手段。应当建立日常巡查制度，注重检查庄寨的破损情况，及时修理，避免更大范围的损坏。永泰庄寨每年岁末进行清洗，是传统的维护方式。应鼓励各庄寨组织村民进行年度清洗。同时，鼓励年轻人参与到庄寨保护与修缮的项目之中，引导工匠参与政府组织的传统匠师培训。

6.1 日常巡查

　　应当以季度为单位对庄寨进行巡查，雨季、台风等自然灾害发生前也应巡查，并以摄影、摄像、文字等形式记录备案，形成巡查记录档案，以备日后修缮使用。巡查原则是防患于未然，及时发现建筑残损，及早修复，以避免更大的损失。日常巡查的主要内容包括：

　　（1）地基与环境：围绕庄寨巡查，检查是否有地基不均匀沉降、土石塌方隐患、山洪冲刷风险，以及后山水土的保持情况。

　　（2）地面、散水：检查天井石材铺装是否断裂破损、缝隙是否有杂草、排水口是否堵塞、地面是否有积水点。

　　（3）屋面：站于高处，观察屋面是否积存落叶、长草长树，瓦片是否松动缺失，屋面是否塌陷，屋脊灰作是否破损；走进室内，从内部往上看屋顶，看是否有渗漏点，同时观察地面是否有漏雨积水，辅助判断。

　　（4）椽头望板：沿所有屋檐巡视一圈，观察檐口是否糟朽渗水、椽子是否弯曲下垂或断裂、封檐板是否脱落朽烂。

　　（5）大木构架：观察梁架是否出现脱榫、歪闪、变形等破损，木结构构件是否开裂，柱底是否受潮，檩条是否弯折，是否有虫蚁蛀洞、水渍、污渍。

　　（6）斗拱：观察斗拱是否歪闪变形，构件是否缺失。

　　（7）木装修：检查门窗雕花等是否扭闪变形，构件是否缺失。

　　（8）墙体：检查夯土墙面是否受潮崩裂，挂瓦是否脱落，墙体是否歪斜，墙帽是否崩塌，雨埂墙是否有裂痕，灰作彩绘是否缺失。

　　（9）消防设施：检查现有消防设施是否完备，试验消防栓是否出水、水压是否充足，检查消防栓配套设备是否完整，灭火器是否在有效期内。

　　日常巡查中若发现重大安全隐患，需及时上报永泰县古村落古庄寨保护与开发领导小组办公室、历史文化发展研究中心等相关职能部门，及时发现，及时治理，排除隐患。

6.2 年度清洗

　　建议庄寨每年组织一次清洗与全面排查工作。建议每年年末组织本寨村民清洗木构，并全面排查墙基、地面、屋面等位置是否有破损、虫害等问题。若有问题，应当及时组织人员进行修缮，避免进一步的损坏。

6.3 匠师培训

　　（1）建议在修缮中聘用本地工匠参与修缮。鼓励本族中经验丰富、熟悉永泰建筑特征且责任心强的老木匠作为修缮施工中的技术负责人或现场监理，负责各自庄寨的日常修缮施工监督与管理。

　　（2）鼓励本地匠师，如大木匠师、小木雕花匠师、小木家具匠师、石匠、瓦匠、泥水匠、风水师、彩绘画师等积极参与政府组织的永泰传统匠作技术培训，完成培训后参与各个庄寨的修缮与日常维护工作。

　　（3)鼓励本地青年积极回乡参与庄寨的修缮、维护、日常运营等各类项目。各庄寨宗亲一方面应当为引导本地青年返乡创业、投身于永泰庄寨的保护与发展之中创造良好的条件,另一方面合理引导部分年轻人参与永泰传统匠作培训，学习庄寨的维护保养知识与技术，并运用到日常维护中。